改訂カラー版

ナショナル・トラストへの招待

四元忠博 著

NATIONAL TRUST

緑風出版

本書へのナショナル・トラスト理事長フィオナ・レイノルズ女史からのメッセージ

ナショナル・トラストが、地域の再生と破壊されていく海岸を守り、かつ歴史的に重要な資産を維持するために行っている活動だけでなく、気候変動の持つ脅威を周知させるために行っている活動を日本の人々に知らせるために努力されていることに大変感謝しております。私たちは気候変動の問題に取り組みつつ、自然および文化遺産を保護し、かつ持続可能な社会を作るために、日々努力しておりますが、今やこれらの活動をあらゆる国の人々が協力して行う必要性がますます重要になってきていることを痛感しております。

私は、四元夫妻および日本の奥山保全トラストによって示されたナショナル・トラストへの支持を光栄に思いますと同時に、本書の中に含まれる重要な意味あいに深く感銘しております。

二〇〇七年一〇月三日

ナショナル・トラスト理事長
フィオナ・レイノルズ

まえがき

一九八二年、イギリスの南西部ドーセットシァにあるコーフ村とコーフ城が、ナショナル・トラストへ遺贈されたとの大きな報道がわが国のマスコミを賑わした。この頃私は、故郷の鹿児島県志布志湾の開発計画（新大隅開発計画）に対する反対運動に加わっていた。わが国にもトラストのような強力な自然保護団体で、かつ土地所有のための民間組織があれば、一六キロメートルのあの弓形をなす白砂青松の美しい海岸がよもや破壊されることはなかったであろう。私のトラストとの出会いは、自らの故郷が破壊されてゆくという切迫した状況の中での出来事だった。

それ以来、トラストの成立史について少しずつ研究を進めてゆく過程で、ナショナル・トラストに関する訳書を刊行することができた(1)。トラストが創立されたのは一八九五年だ。まずはトラストの創立者三名のうち誰か一人を研究対象とすべきである。それは比較的容易に決定できた。自らの性格ともかなり一致しそうなハードウィック・ローンズリィを選ぶことにした。そのうちに一九八五年になると、研究資料の必要に迫られて渡英することになった。この一年近い滞英期間中に、できるだけ多くのトラストの資産を歩き、フィールド・ワークに努めたことは本書の各所に見られるとおりだ。漸くローンズリィに関する小論が公刊されたのは一九八九年であった(2)。

この頃わが国では、次々と打ち出される開発計画が強行される中で、依然としてバブル経済が謳歌されていた。だがその反面、農村人口が減少し、農村社会が疲弊していった。やがてあれほど繁栄を誇った日本経済も、ついにそのバブルがはじけて、今や経済ばかりでなく、社会一般において病理的現象が顕著になりつつある。

それにもかかわらず、日本経済が工業化と都市化を推し進める中で、そのことに一顧だにしないで、私たちの多くが都市経済論的思考に陥ってしまっているのではないか。そうであるならば日本経済を回復するために、従来と同じ経済政策を用いるならば、わが国の経済社会が到底蘇生するとは考えられない。わが国における工業化と都市化は止まるところを知らない。このような恐るべき状況がいつまで続くのか。工業化と都市化が際限なく続けられる限り、村落あるいは地域社会の人口は減少し、ついには村落社会自体が衰滅するに至るであろう。そのようなことを考える中で私はナショナル・トラストの成立に関する研究書を翻訳刊行することになった(3)。一九九二年のことである。

トラストの戦略的目標は、「地域社会の再生」(the regeneration of the countryside)だ。私は一九八五年に渡英して以来、現在までほぼ毎年イギリスを訪ねている。その間、私はトラストの資産を、オープン・スペースを中心に、力の及ぶ限り歩き続けてきた。年を経て回を重ねるうちに、私はトラストの持つ農業用地と村落地、そしてそれらを取り巻く広大なオープン・スペースが一つとなって、健全なオープン・カントリィサイド(開かれた村落地帯＝田園地帯)が作られるのだということに気付くようになった。

トラストが草創の頃から一貫して農業部門と関係を持ち続けてきたことは、年次報告書を読めば自ずと理解できるし、また本書を読み進むうちにさらに良く理解できるはずだ。

幸いに私自身二〇〇三年七月には、トラストの創立から第二次世界大戦までの約五〇年間にわたるナショナル・トラスト運動を一書にまとめることができた。(4) ナショナル・トラスト運動の前史を含めて第二次世界大戦までを追う過程で、私たちは創立者三名の初心たる運動理念と目標を明確に理解できるであろう。そしてこの半世紀間のナショナル・トラスト運動において、彼らの初心が貫徹されていくのも十分に理解できるはずだ。私は渡英するたびに、ナショナル・トラスト運動とは何か、その真髄を理解し、それをわが国の人々に、そしてできるだけ多くの人々に伝えたいと願ってきた。私はイギリスで多くの人々に会い、そして語りかけながら、トラストの大地でのフィールド・ワークを重ねてきたと思っている。

第二次世界大戦までのナショナル・トラスト運動史を一冊にまとめた今、次の仕事は戦後のナショナル・トラスト運動を追跡することだ。そのように考え、この仕事も怠っていないつもりだ。これは重要な仕事である。しかし気がついてみると、地球温暖化や気候変動、それに海面上昇など人類の危機どころか、地球の危機が喫緊の問題と化してしまっている。イギリスは日本と同じく四面が海に囲まれた海洋国家だ。海岸が壊され、海面上昇の危機が憂慮されている今、程度の差こそあれ、その事情は日本でもイギリスでも同じだ。今こそトラストがイギリスでいかなる運動を展開しつつあるのか、それをわが国の人々に示さなければならない。そのように考えて書いたのが本書である。

なお本書を書き上げるについては、これまでのイギリス訪問のたびに各誌に掲載された紀行文な

どが役立った。そのほか新たに書き下ろした文章もある。(5)

ところでその規模はとにかく、わが国においてナショナル・トラストの理念とその目標に相当するものを掲げながら、自然保護運動を行っている純粋な私的な運動体はいくつあるのだろうか。社団法人・日本ナショナル・トラスト協会編『ナショナル・トラスト　ガイトブック２０００』によると、この協会に加盟している団体は四七団体である。それにこの協会に属していない団体もあるはずだ。このように考えると、わが国の置かれた現状からして、わが国のナショナル・トラスト運動は極めて低調であるとしか言いようがない。それはなぜか。その理由については、本書を読み進むうちに自ずと理解できると思う。したがってここではそのことについては問うまい。それよりも次のことを紹介しておこう。

兵庫県西宮市に本部を持つ日本熊森協会という任意の自然保護団体がある。この運動体が、熊の棲む森を保全、復元する活動を進める過程で、わが国でも完全民間で、熊の棲む奥山自然林を買い取り、それを再生する必要性を痛感するに至った。日本でも本格的なナショナル・トラスト運動を育て強くしたい。彼らのそのような強い願いが叶えられたのは、彼らが山を守る活動を始めてから一〇年目の二〇〇六年二月二〇日であった。ＮＰＯ法人奥山保全トラストが結成されたのである。誕生して一年余り、まだまだ行き届かない点があるのだが、私もナショナル・トラスト研究者として、スタッフたちとともに本格的なナショナル・トラストを目指して鋭意努力したつもりである。その甲斐あって、これまでの実績（二〇〇七年五月三一日現在）は次のとおりである。

(1)　富山県魚津市山林　　二ha.　　二〇〇六年五月一二日購入

(2) 兵庫県宍粟市天然林　一二〇 ha.　七月一九日購入
(3) 富山県上市町原生林　六七〇 ha.　八月三一日購入
(4) 静岡県佐久間自然林＋人工林　二九四 ha.　一〇月二五日購入
(5) 京都府京北自然林　一六 ha.　一二月二七日購入
(6) 岐阜県奥飛騨温泉郷天然林　八二 ha.　一二月二八日購入
合計　一一八四 ha.

このあと二〇一五年に改称された公益財団法人奥山保全トラストの成長を追ってみると次のとおりである。

二〇一八年になると、宮崎県延岡市、熊本県上益城郡、福島県会津若松市、岐阜県本巣市、愛媛県四国中央市の山林を取得でき、本財団が所有するトラスト地は一七カ所、二・二〇〇 ha.となった。各山林地においては、植樹や間伐、皆伐地の経過観察等により、その地域の気候や特性に合わせて広葉樹林化事業を行なっている。今後とも「奥山を天然林へ」という実践活動を広げていくことはもちろんである。さらに二〇一九年度には新たなトラスト地の実現を目指し、実践活動を行なっていく過程で本財団が所有するトラスト地は一九カ所、二三四六 ha.となった。かくして本財団のナショナル・トラストによる環境保全、野生生物の多様性の保全に一層取り組んでいけるよう意を強くしているところである。

ここで特筆すべきは、三重県大台町にある池の谷のトラスト地（四〇八 ha.）についてである。この土地はモリアオガエルの繁殖池として三重県の天然記念物に指定されているところである。ここは冬は水がなく、初夏になると地中から水が湧き出てモリアオガエルの繁殖時期に池を作る。六月には周囲の樹木に白い泡に包まれた、たくさんの卵塊が産みつけられ、やがて池めがけてオタマジャクシが落ちていく。六月から八月にかけて、池では無数のオタマジャクシが生育し、カエルになって林に消えていく。かくしてここは地元の子供たちへの環境教育の場にもなっている大切な自然保護地でもある。

このように考えると、水源の森、生物多様性の森を次の世代へ残すことは、トラスト地での野生動植物等の調査・観察、保全活動という点から考えても、この土地が大変に重要であり、かつ重宝であることも自ずと明白である。さらに本財団を支援しようと考えている人々の思いに応えるためにも、本財団が責任をもって保全・再生活動に取り組み、託された水源の森、生物多様性の森を次世代へと引き継ぐことは重要である。

ところで他方、奥山水源域の状況をみると、放置された人工林による奥山の荒廃だけでなく、風力発電設備、大型太陽光発電施設の建設など、「再生可能エネルギー」という名目で推進されている森林大規模伐採により、水源の森が失われつつある。そのほかに眼を転じると、外国企業に日本の貴重な水源の森が次々と買収されている現実もある。

自然保護運動こそ「平和の証」である。「森を守り、水を守り、命を守る」という理念を発信し続けることこそ、奥山保全トラストの理念そのものである。本財団が所有するトラスト地や、その隣地ですら脅威にさらされている。森林破壊から奥山水源の森を守る手段として、ナショナル・トラストを打ち出すことこそ、今あるトラスト地を守る唯一の手法であることは、事実イギリスのナショナル・トラストが真に教えているとおりである。

それに加えてわが国でも、奥山保全トラストばかりでなく、例えば埼玉県所沢市に本拠を置く公益財団法人トトロのふるさと基金がある。これは埼玉県にある財団法人の一つの実践例であるが、これも小さな規模でも地道に活動を続けていけば確実に成長していくと考えることができる。

山は国土の心臓部だ。山が泣いているとは、わが国の話だ。私たちは日本の国土を守らねばならないといつも語り合ってきた。山、川、海は一体のものとして守らねばならない。そのような展望も私たちは持っている。

山が泣き、川が汚され、海岸が壊されていく日本の国土の再生を、私たちは政府・行政に頼ることができるのだろうか。政府・行政は何もしないどころか、むしろ開発の名のもと、自然破壊を放置し、推進している。わが国でもいよいよ純粋な民間組織による土地所有団体が育ち、強力になっていかねばならない。このことを本書がはっきりと教えてくれるはずだ。

二〇〇七年三月二五日、日本熊森協会一〇周年とNPO法人奥山保全トラスト一周年祭が成功裡に開催された。ここに、ナショナル・トラスト理事長のフィオナ・レイノルズ夫人からの私たちへのメッセージを掲載しておこう。

日本熊森協会一〇周年および奥山保全トラスト一周年記念祭、おめでとうございます。

あなたがたが日本の山（オープン・スペース）を守るために成し遂げられた業績に、私は大変深い感銘を受けております。あなたがたの仕事は、今や決定的に重要な仕事になっています。このような時に、あなたがたが自然保護のために敢然と立ち上がったことを私は称賛します。

ナショナル・トラストの起源は一九世紀にさかのぼります。そしてナショナル・トラストはイングランド、ウェールズ、および北アイルランドのオープン・スペースを守るために献身した洞察力に溢れ、かつ進取に富んだ人々の数十年にわたる仕事の結果、生まれたものです。

私もまた、あなたがたが将来に向けて末永く成功し続けますことを心より祈念いたします。

二〇〇七年二月六日

ナショナル・トラスト理事長
フィオナ・レイノルズ

このメッセージから、私たちの仕事が一定程度の成果を上げたことをナショナル・トラストが喜び、そして今後の一層の活躍を祈念していることをはっきりと読み取ることができよう。

地球が危ない！　ナショナル・トラスト運動の場合、ナショナルはインターナショナルに通じるのだ。私たちには国境はない。真の国際的連帯は可能なのだ。そのためにはまず自らの国土を守らねばならない。私はナショナル・トラスト研究を進めながら、わが国の国土の再生の一環として、いつも私の故郷の志布志湾地域の再生を考えてきた。しかし、志布志湾はいまだに悪化しつつある。志布志湾でのさらなるフィールド・ワークが必要だ。

最後になったが、本書が刊行されるまでの事情について書いておこう。本書を一読すればわかるとおり、イギリスでは、トラストの人々は言うに及ばず、私を助け、導いてくれた人々は極めて多い。わが国でも論文や小論を送るたびに、批評、そして暖かい批判と励ましを数多くいただいた。それらの内外の人々の励ましがなかったならば、到底本書は世に出ることはなかった。したがっていちいち名前を挙げることはできないが、ただ一人だけ名前を記すことを許されるならば、それは恩師故浜林正夫先生である。先生は本書の刊行を強く勧めてくれたのと同時に、本書の原稿に目を通してくださった。記して感謝の意を表したい。

妻雅子には、二〇〇二年以降は毎回私の滞英生活に同行し、秘書の役をすべて務めてくれた。感謝の気持ちを表したい。それから緑風出版の高須次郎氏には今回も快く本書の改訂版出版を引き受けていただいた。同出版社の公害問題と自然環境問題への真摯な姿勢が、近い将来結実することを私は期待している。

二〇二三年五月三一日

[注]

（1）Robin Fedden, *The National Trust — Past and Present* (London, 1968)、四元忠博訳『ナショナル・トラスト—その歴史と現状』（時潮社、一九八四年）。

（2）四元忠博「湖水地方の番犬——ナショナル・トラストとローンズリィ」浜林正夫・神武庸四郎編『社会的

異端者の系譜——イギリス史上の人々』（三省堂、一九八九年）。

（3） Graham Murphy, *Founders of the National Trust* (National Trust Enterprises Ltd. 2002 廉価版)、四元忠博訳『ナショナル・トラストの誕生』（緑風出版、一九九二年）。

（4） 四元忠博著『ナショナル・トラストの軌跡——一八九五〜一九四五年』（緑風出版、二〇〇三年）。

（5） 「王党派コーフ城とナショナル・トラスト」（埼玉大学『社会科学論集』第51号、一九八三年三月）、「ナショナル・トラストを訪ねて」（同上『同上書』第59号、一九八六年一〇月）、「ナショナル・トラストとはなにか?——木原啓吉氏の二著の批判的検討を交えながら」（同上『同上書』第61号、一九八七年三月）、「湖水地方の番犬——ナショナル・トラストとローンズリィ」浜林正夫・神武庸四郎編『社会的異端者の系譜——イギリス史上の人々』（三省堂、一九八九年一〇月）、「ナショナル・トラスト——自然を守るイギリス人の知恵」（週刊朝日百科『世界の歴史』114号、一九九一年二月）、「ナショナル・トラストを訪ねて(1)〜(7)」（『紀伊民報』七回連載、一九九二年五月九日〜五月三一日）、「ナショナル・トラストとイギリス経済——望むべき国民経済を求めて」（日本科学者会議『日本の科学者』第349号、一九九七年二月）、「ナショナル・トラストと地域経済の活性化」（㈶トトロのふるさと財団編『武蔵野をどう保全するか』一九九九年一〇月）、「口蹄疫のなか、ナショナル・トラストをゆく」（日本環境学会『人間と環境』第27巻第3号、二〇〇一年一一月）、「ナショナル・トラストを歩く——農村の活況化と都市化の阻止を目指して」（同上『同上書』第29巻第1号、二〇〇三年二月）、「ナショナル・トラストを訪ねて——ナショナル・トラスト運動再考」（津田塾大学『国際関係学研究』No.30、二〇〇四年三月）、

「第9章　ナショナル・トラストと自然保護活動――持続可能な地域社会を求めて」佐藤清隆、中島俊克、安川隆司編『西洋史の新地平――エスニシティ・自然・社会運動』（刀水書房、二〇〇五年一二月）、

「ナショナル・トラストを訪ねて――自然破壊とナショナル・トラスト」（埼玉大学経済学会『社会科学論集』第117号、二〇〇六年三月）、

「ナショナル・トラスト・フォー・スコットランド」木村正俊、中尾正史編『スコットランド文化事典』（原書房、二〇〇六年一一月）、

「自然破壊とナショナル・トラスト――鹿児島県志布志湾の再生を考える」未刊原稿。

「ナショナル・トラストを訪ねて――持続可能な人間社会を求めて」（日本科学者会議『日本の科学者』Vol. 44 No. 11、二〇〇九年一一月）、

「ナショナル・トラスト運動――ハニコト・エステートのクラウトシャム農場を例にして」（埼玉大学経済学会『社会科学論集』第131・132合併号、二〇一一年一月）、

「ナショナル・トラストの戦略――ウォリントン・エステートとキラトン・エステート」（日本科学者会議『日本の科学者』Vol. 48 No. 2、二〇一三年二月）、

「ナショナル・トラスト　イギリスの大地を守る――オープン・カントリィサイドを歩く」（日本科学者会議『日本の科学者』Vol. 49 No. 3、二〇一四年三月）、
その他。

イギリス全図

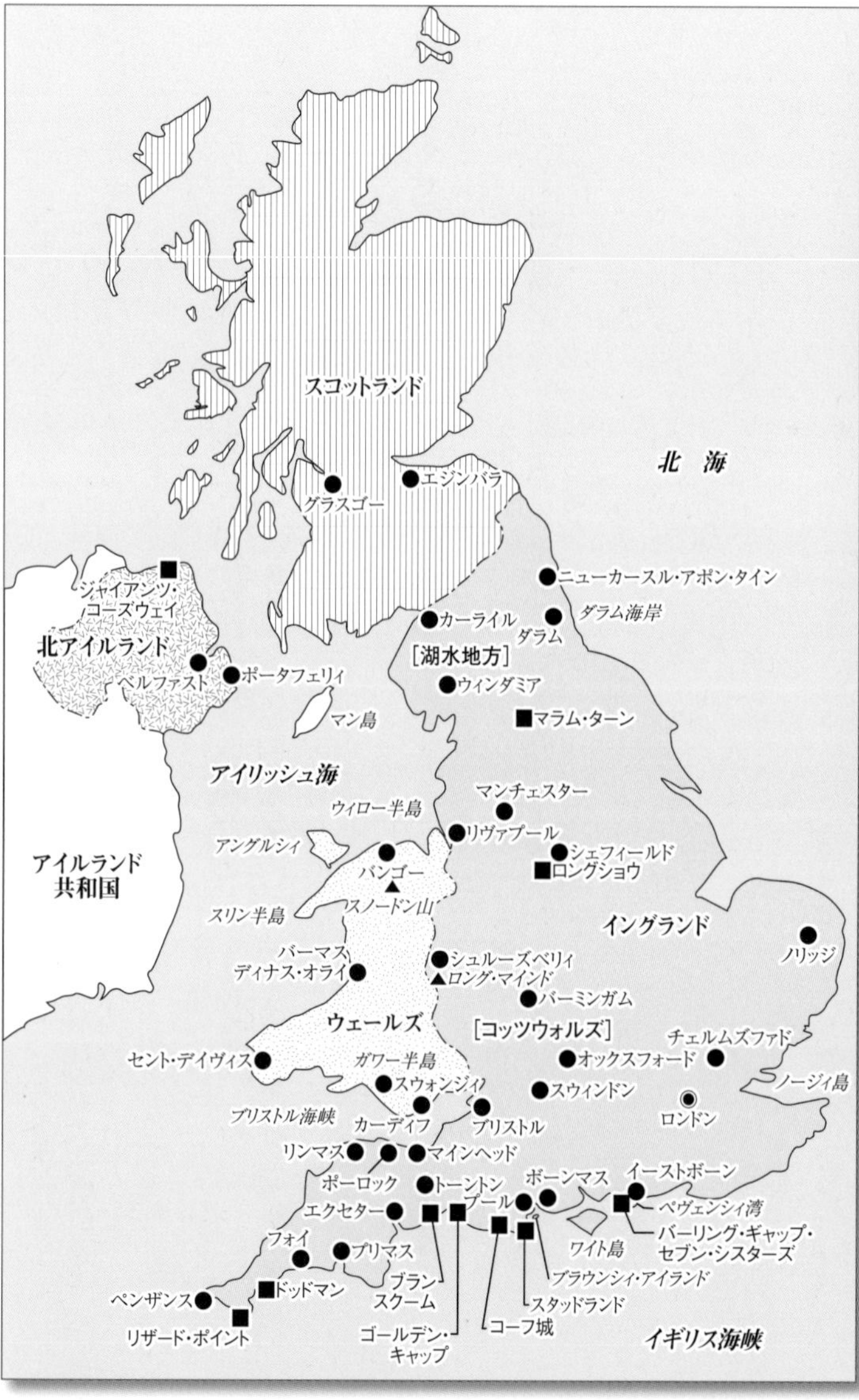

スコットランド
北　海
エジンバラ
グラスゴー
ジャイアンツ・
コーズウェイ
北アイルランド
ベルファスト
ポータフェリィ
ニューカースル・アポン・タイン
カーライル
ダラム
ダラム海岸
[湖水地方]
ウィンダミア
マン島
マラム・ターン
アイリッシュ海
マンチェスター
ウィロー半島
リヴァプール
アングルシイ
シェフィールド
ロングショウ
バンゴー
アイルランド
共和国
スノードン山
スリン半島
イングランド
ノリッジ
バーマス
ディナス・オライ
シュルーズベリィ
ロング・マインド
バーミンガム
ウェールズ
[コッツウォルズ]
チェルムズファド
セント・デイヴィス
ガワー半島
オックスフォード
ノージィ島
スウォンジィ
スウィンドン
ブリストル海峡
ロンドン
カーディフ
ブリストル
リンマス
マインヘッド
ポーロック
トーントン
ボーンマス
イーストボーン
エクセター
プール
ペヴェンシィ湾
バーリング・ギャップ・
セブン・シスターズ
フォイ
プリマス
ワイト島
ブラウンシィ・アイランド
ドッドマン
ブラン
スクーム
ペンザンス
スタッドランド
リザード・ポイント
コーフ城
ゴールデン・
キャップ
イギリス海峡

ナショナル・トラストへの招待〔改訂カラー版〕◉目次

V　都市近郊を歩く……223

I
ナショナル・トラストの成立

ナショナル・トラスト運動とは何か

わが国でも公害問題だけでなく、自然環境問題についても、種々論じられてきた。しかし自然環境問題自体が色々な方面から検討されなければならないだけに、自然環境を守ることが、いったいいかなる意味を有するものであるかが、未だに明確にされているとは言い難い。

自然環境問題は、資本主義経済による営利追求の結果生じたものであることは明白だ。資本主義経済の成立以降、工業化と都市化が進み、外国貿易が推進された。特にイギリスにおいて、一八世紀後半産業革命が生じて以降、その進行の度合いは加速化した。それに今日、グローバリゼーションとグローバリズムが謳歌されていると言ってもよい。もはや市場経済が地球の隅々まで行き渡りつつある。

ヴィクトリア王朝（一八三七〜一九〇一年）の末期、都市がその触手を伸ばし、田園地帯を飲み込むのを見ていたのは、ナショナル・トラストの創立者たち三名だけではなかったはずだが、未だに工業化と都市化は止まるどころか、むしろ加速化していると言っていい。地球の危機が叫ばれてからもう久しい。もはや工業化と都市化が無限に進むことを許されるとは考え難い。

そもそも自然環境自体は、田園地帯にある。あるいは自然環境そのものが田園地帯である。それに田園地帯こそは農村地帯である。このように考えると、自然環境と農業活動とは一体のものであり、そこにこそ大地を土台とした人々の営みから文化も生み出されてきたのだということもできる。そのような自然環境と農業活動とを土台とした田園地帯こそが、人々の癒し（ヒーリング）の場であり、またグリーン・ツーリズムあるいは農業体験旅行の対象の地でもある。

ナショナル・トラストは自然保護団体であり、かつ土地所有団体である。トラストの規模は、二〇二二年現在、会員数は五三〇万人を突破し、所有面積は六二万六〇〇〇エーカー（二五万三〇〇〇ヘクタール〈一エーカーは〇・四ヘクタール〉）以上の土地（スコットランドを除くイギリス全体の面積の一・五%以上）と七〇七マイル（一一三八キロメートル）以上の海岸線（スコットランドを除く全海岸線の二三%）を所有し、守っている。それに六〇の村を持っている。トラストの場合、スコットランドは一九三一年にナショナル・トラストから独立し、現在スコットランド・ナショナル・トラストとして活動中である。だからトラストの会員数をイギリスの人口約六〇〇〇万人と比較する場合、スコットランドの人口約五一〇万人を差し引いて考える必要がある。かくしてトラストの会員数は、イングランド、ウェールズ、北アイルランドの全人口数の約一〇%に近づいている。それから一九九九年、トラストの農業部門担当責任者（Head of Agriculture）のロブ・マクリン氏が私に「イギリスにはトラスト以外にも数々の自然保護のための土地所有団体がある。だからイギリスで、これらの会員数を加えると、その影響力はもっと大きくなるはずだ」と答えてくれた。確かにそうだと思う。というのは、私もここ数年来、列車の中やその他の都市、そして地方のいたるところで出会ったイギリスの人々との会話の中で、彼らのトラストへの信頼と自然保護への関心がますます高まりつつあるのを実感しているからである。だからイギリス人の中に大きなうねりが生じつつある、あるいは自然保護のための国民的運動が生まれつつあると考えても決して誤りではないと思う。このイギリスでのトラストを中心とした大きなうねりこそが、私たちに大きな希望を投げかけてくれることだけは間違いない。なぜか。

第一に、「ナショナル・トラスト運動」は、政府・行政から独立しつつ、トラストの会員、ボランティア、そして国民に支えられつつ展開している運動だからである。先に記したようにトラストの会員数は現在、国民人口のうちの一〇%に近づいている。この数字は確実に上昇しつつあることに注目したい。近い将来一〇%の大台へ届くことも十分に考えられる。その時こそイギリス自体を変えていくことも十分に可能だと考えたい。トラストは現在、欧州連合（EU）諸国へ、そして世界中へと発信を続けている。

第二に、トラストの所有地のうち八〇%が農業用地として利用されている。トラストは自然保護団体だ。だからトラストの方針が、自然保護と農業活動を両立させることにあるのは自明のところだ。具体的に現在トラストが、イギリスの西部にある美しい田園地帯で有名なコッツウォルズのシャーボン村で行っている実験農場を例に、トラストの活動を見てみよう。詳細については後述するところだが、この実験農場であるシャーボン農場は現在、一〇年目を迎え第二段階に入っている。誰でもこの農場を歩けば、次のことを確実に実感できるはずだ。すなわちトラストは農業、そして生物多様性の保護は言うまでもなく、歴史的および考古学上重要な文化財や大衆のレクリエーションのためのグリーン・ツーリズムなどを保護・育成するために注意を凝らしつつ、それら全体の均衡を保つことに日々努力を重ねている。事実、この農場、あるいはシャーボン村を訪れている人々は年々増えている。

ここだけでなく、今日トラストがオープン・カントリィサイドと言っている多くのトラストの土地を、海岸地帯であれ、農村地帯であれ、歩いてみてほしい。これらの地に立つと、その地域社会の人々と自然とが渾然一体となっており、あなたもそこに溶け込んでいくのを感じ取ることができるはずだ。

上述のように、トラストの活動が単なる自然保護活動だけではなく、文化的および社会・経済的活動でもあることがわかるはずだ。短絡的だが、もはや一国経済の活性化を考えるのに、都市経済論的あるいは外国貿易優先的な手法ではなく、地域経済あるいは農村経済的手法でもって考えるべき時が来ているのではないか。国土は都市と地域あるいは農村からなる。空間的に見て、農村地帯は都市区域に比べて相当に広い。相当に広いとはいえ、ここ半世紀近い間の農村地帯の都市化には凄まじいものがある。都市が農村を飲み込むという表現は単なる杞憂に過ぎないものだろうか。とにかく資本主義経済が進行する中、農村経済および農村社会は衰退の一途を辿っているのだと言うほかはない。今こそわが国でも農村社会および農村経済の視点からの発想があってもいいではないか。わが国でも都市と農村地帯のありうべきバランス化を求める時が来ているのだと考えたいのである。

上記のとおりトラストの活動は、イギリスの農村経済、ひいては地域経済の活性化に貢献しつつあるということ、そしてそのことがまた健全な国民経済および国民社会のモデルをも提供しうるのだということを強調しておきたい。

トラストが創立されたのは一二五年以上も前の一八九五年である。一八八四年には、すでに設立の準備が開始されていた。さらに時をさかのぼって一八七三年には、一八四六年の穀物法の廃止に伴い、いわゆる自由貿易が定着したのを直接原因として生じたあの「農業大不況」が発生、また同じ頃にいわゆる「大不況」も生じた。農業の衰退と経済不況下、困窮化した地主たちが土地を手放しつつあった。トラストが有利に成立しえた理由の一つが、この点にあったことは間違いない。それにトラストが成立した頃の一九世紀末といえば、産業革命の勃発後すでに一世紀が経っており、各地で自然破壊が相当に進んでいた。ひと頃の鉄道建設ブーム（一八三〇～一八五〇年）は収まっていたとはいえ、ロンドンから遠く離れた海浜地や谷あい、湖畔などへの鉄道敷設計画は後を絶たなかった。入会地をはじめとするオープン・スペースが次々と囲い込まれていった。

このような歴史的背景の中で、ナショナル・トラストが成立するには、その前史があった。一八六五年に設立された入会地保存協会（Commons Preservation Society, CPS）がそれである。この頃は、未だイギリスが「世界の工場」を誇るとともに自由主義段階にあり、大英帝国華やかなりし頃であった。それだけにこの頃は、すでに重工業の段階に達しており、鉄道敷設もまた盛んに行われていた。「世界の工場」のその裏で、自然破壊が確実に進んでいたのである。このような社会・経済的現象が、世界史的規模で現代社会へ連なるものであることに注意したい。

本書の究極の目標は、トラストの活動がイギリス社会およびイギリス経済にとって、いかなる意味と意義を有するものであるかを追究することである。

そこで本書では、まずトラストが成立しなければならなかった事情を明らかにし、その自然保護活動が、そもそもからカントリィサイド（田園地帯）を基盤とする農業活動と結びついたものであったことを明らかにする。そして、トラストの成立以降も止むことなく打ち続いた「農業大不況」、そして工業化と都市化の過程で、トラストが自然保護活動と農業活動とをいかに担い、イギリス社会とイギリス経済において、いかなる位置と歴史的意義とを持つようになっていくかを、みていきたいと思う。

第一章
オープン・スペース運動の開始

オープン・スペース

次に述べる光景は、イギリスでなくても、わが国においても地方に行けば、まだ十分に思い起こすことができるはずである。

入会地（コモンズ）は、通常村落地と農耕地の周囲に広がっている野原や森林地などであり、そこでは農民たちが家畜を放牧し、果実を摘み、薪、わらび、家屋の修理用の枝葉を持ち帰る権利を持っていた。これを入会権という。入会地は、今日日本で私たちが里山と言っている地域に相当する。

さらに入会地の外側には、山岳地など家畜の近寄れないもっと広大な土地が広がっている。これが奥山であるが、四方を見渡せば、農耕地や牧場そして村落地が広がり、その向こう側には広大な海原が広がっているかもしれない。入会地を含めた広大な土地がオープン・スペースである。したがってオープン・スペースは入会地よりももっと広い概念を有するとともに、空間的にももっと広大な面積を持つ。もちろんオープン・スペースは入会地を含め、未だ囲い込まれていない土地である。

イギリス農村の囲い込み（エンクロージァ）は歴史上古くから行われてきたが、特に産業革命（一七六〇〜一八三〇年）の勃発とともに行われた第二次囲い込み運動は、議会の立法手続きを経て個別的に認可されつつ、極めて大規模に行われたことはあまりにも有名である。これらの囲い込み法による大規模な囲い込みが停止されたのは一九世紀後半になってからである。

ここにまず工業化の先行条件として、国民の大部分をなす農民からの土地収奪あるいは労働力の商品化が必要であったこと、そして産業革命とともに農業革命も進行していったことを確認しておきたい。

特に産業革命以降、農村から都市へ人口が移動したことに加えて、人口も急増し、都市化が急速に進んだ。その結果、貧困と欠乏、そして都市の過密化が社会問題化した。このように考えると、都市貧民のためのレクリエーションときれいな空気のためにオープン・スペースが必要であることがまもなく理解され、オープン・スペースを救おうという要求が生じたことは容易に理解できる。

歴史家として高名なG・M・トレヴェリアンのナショナル・トラストに関する一九二九年のブックレットによると、鉄道の出現する前の一八二九年のイギリスは、未だワーズワース（詩人）やコーンスタブル（画家）の世界であり、かつまた人工物と自然とがうまく調和していたという[1]。そうだとすれば、産業革命を経て鉄道時代が出現し、イギリスでは重工業段階に移行して後に、本格的に自然破壊が進んだことになる。ここに工業化と都市化そして自然破壊は、人間が地球上に生を営み続ける限り、決して避けることができない定式化であることがわかる。それに工業化は外国貿易と国際取引を加速させることになる。ここに至れば、工業製品の輸出と引き換えに、工業部門の原材料や農産物の輸入も増大することになる。

この時期における鉄道敷設が、村落地や農耕地、そしてオープン・スペースを次々と破壊しつつ、イングランド全土に鉄道網を広げていったその凄まじさは、日本人にはなかなか想像しにくいかもしれない。その上に鉄道敷設を基軸にしつつ、石炭業、鉄鋼業、機械工業など重工業が急速に発展し、これを武器にイギリスが自由貿易政策の下に、「世界の工場」としてパックス・ブリタニカを謳歌していったのである。しかしイギリスが世界に君臨し、繁栄を誇ったその裏には、すでに国内においては、自然破壊が進み、自然環境問題が出現しつつあった。それとともに私たちは、この時期のイギリス経済が、すでに農業危機をも内に孕ませつつあったことに注意しておかねばならない。ここでは農業危機が現実化したとき、農村経済が衰退するばかりか、農村社会の崩壊をも招くのだということも、しっかりと心に留めておかねばならない。

さて鉄道時代が出現して以降、ロンドンおよびその近辺の入会地を含むオープン・スペースが鉄道敷設のために次々と囲い込まれ、開発されていった。このような状況の中で、いわゆる「オープン・スペース運動」、すなわち自然豊かな広大な土地を不必要な開発行為から守ろうという運動が展開されることになる。これらの運動に参加した組織のうち最初の、かつ最も実力のある運動体が一八六五年に創立された「入会地保存協会（CPS）」であった。ただこれは任意の団体であって、土地を持つことのできる法人格を持っていなかった。だからこの団体は、主として法律を盾に入会地を含むオープン・スペースを守ることに力を注いだのだった。入会地保存協会は創立以来、数多くの実績を収め、かつ貴重な運動を展開していったけれども、国民のために必要な土地を後世に残すという点では、当然に限界を有していた。それにこの時までイギリスには、国民のために土地や建築物を持つことのできる法人団体はなかった。だから土地所有のための法人団体たるナショナル・トラストの創立の必要性が痛感されたのは、自然環境保護運動という点からも、また時代的背景から見ても、至極必然的な歴史的動きであった。このように考える時、入会地保存協会は、一八九五年のナショナル・トラストの成立に直接に連なる経緯を有していると言うことができる。したがって次節においては、ナショナル・トラストの成立との関連で入会地保存協会について簡略に説明しておこう。

入会地保存協会の創立

入会地保存協会は一八六五年に創立され、現在はオープン・スペース協会と改称され、その本部はロンドン近郊のヘンリィ・オン・テムズにある。協会の法律上のオープン・スペースに対する一貫した理念は次のとおりである。

まず狭義の入会地に対しては、そこに含まれる入会権を明らかにし、それを守ることにあった。それから入会地を取り巻くオープン・スペースには、当然に入会権者をも含み、誰でもそこに自由に出入り（アクセス）できるはずである。したがって協会は入会地を含むオープン・スペースに対しては、誰でも自由に出入りできる、いわば国民のアクセス権を主張し、それを保全しようとした。かくして協会は、それらをめぐる紛争を解決するために、自らの実践活動と議会でのロビー活動を通じて、オープン・スペースを守るための法案の提出と自然環境保全のための理論的武装を構築していった。(2)

例えば協会は、一八六五年のウィンブルドン・マナーの囲い込みをめぐる紛争を手始めに、エッピング・フォレスト、バーカムステッド、ニュー・フォレストの問題(3)など、次々と訴訟問題に係わっていった。

かくして協会は年々、各地の入会地に関する紛争、訴訟にその指導的立場を発揮し、住民の要求と世論とを背景にオープン・スペースを守るための運動を展開していった。しかし事の性質上、すべての訴訟に勝利したわけではなかった。ここに任意の団体としての協会の限界を認めざるをえないけれども、協会の活動理念や協会の果たした有形・無形の実績や貴重な体験が、ナショナル・トラストの成立とその後の活動に計り知れない教示と力を与えたことは間違いない。自然破壊からイギリスの国土を守るためには、土地を持つことが必須であることを教えたのは協会であった。それでは入会地保存協会がその運動を実施するに当たって、入会地とオープン・スペースをどのように考えていたのだろうか。

オープン・スペース運動の開始

協会は設立されてしばらくの間は、とくに入会地については地域的な性格、ひいては私益的な性格が濃厚に残っている場合、訴訟を起こし、有利に展開することが困難であると感じざるをえなかった。だから協会は、入会地やオープン・スペースをめぐる紛争が社会的かつ公共的な性格と問題を有する限りにおいて、それらの紛争に積極的に関わっていった(4)。

協会は、もともと入会地をはじめとするオープン・スペースの持つ社会的かつ公共的性格を立法者に認めさせるために、政治的な圧力団体として組織されたのだった(5)。

したがって協会は、協会の関係する入会地のすべてを公共化ないしは公益化しない地主や鉄道会社などを相手に、彼らの囲い込みを不当なものとして阻止すべく戦っていった。

最後に次のことを記しておこう。前述したように、一八四六年に農業保護のための穀物法が廃止されて、自由貿易が定着して以降、ついに一八七三年に農業大不況が勃発した。農業大不況が長期化する中で、地主たちは自らの土地を大量に売却せざるを得なかった。その際、彼らが可能ならば、自らの所領の範疇に属する入会地を囲い込み、それを私有地化して売却することもたびたびあったのである。

入会地を私的に囲い込むことは、公共的性格に反するのだから、当然「囲い込みは不法なり」というのが協会の厳然たる理念であった。かくして「都市部貧民のためにオープン・スペース、そしてガーデンを」、「マニュファクチュア優先に対抗してオープン・スペースを」、「子供のためにオープン・スペースを」という声が発せられることになる。一八八四年には、当時協会の弁護士(solicitor)であったロバート・ハンターがナショナル・トラストの創立を提唱している。社会経済史的背景から考えても、また自然環境問題という観点からも、ハンターの提言はまさに時宜を得たものであった。

ナショナル・トラストが実質的に成立するのは、ロバート・ハンターが提唱してから一〇年を経た一八九四年のことであり、会社法のもとに土地所有のための法人団体として正式に登録されたのは一八九五年である。

以上のような入会地保存協会の長期にわたる実践活動とオープン・スペースに対する定義と理念を踏まえつつ、ナショナル・トラストが一八九五年に成立し、今日に至っていることを私たちはしっかりと把握しておきたい。だからトラストのルーツは、オープン・スペースを守るための運動に見い出されるべきであり、そしてトラストは「入会地保存協会(一八六五年)の子供であった(6)」。それではトラストは具体的にいかなる経緯を経て成立したのだろうか。

第二章
ナショナル・トラストの成立

自然環境保護とナショナル・トラスト

最近に至り漸く、わが国でも自然環境問題の重大性に対する関心が高まりつつあるのだけは確かだ。しかしイギリスのナショナル・トラストに関しては、学生たちの間に、しかも自然環境問題に関心を持つ学生たちにさえ、その名前を知らないものが多い。他方で、トラストをいくらかでも理解した学生たちが、ナショナル・トラスト自体に強い関心を示すことだけは、私の長年の大学での講義の体験から間違いない。このような状況下において、わが国でのナショナル・トラスト研究が、これから一層進むことを願わずにはおれない(1)。

それではイギリスではどうか。トラストの出版するパンフレット類や出版物は膨大であり、かつトラストが国民の間に確実に定着していることは、私の何回にもわたる体験から間違いない。むしろすでに触れたように、「ナショナル・トラスト運動」は国民的運動へと広がりつつある。しかしトラストに関する研究書となれば、それほど多くはない。代表的な著書と思われるものを、私の知る限りで注記しておく。(2) これらのうちグレアム・マーフィ氏の成立史に関する著書を除いて、すべて概説書である。したがってイギリスでさえ、本書のようにトラストの成立に関して、直接の成立の要因を探るだけでなく、もっと深く掘り下げて、ナショナル・トラストが結果的にはイギリス社会の要請を受けて成立しなければならなかった事情を考えてみようとする研究は極めて少ない。それにトラストの成立を含め、その自然保護活動を社会科学、ことに経済学の観点から考えてみようという試みも皆無に等しい。もちろん自然環境問題が多方面から考えられなければならないだけに、その考察範囲はきわめて広い。ナショナル・トラストは自然保護団体だ。だからその自然保護活動が多岐にわたることは無論のことだ。しかし環境問題の重大性については、これまでわが国で種々論じられてはきたが、自然環境を守ることが一体いかなる意味を持つのか、未だに明確にされているとは言い難い。むしろ自然環境を守ることが経済活動とは無関係であるか、むしろ経済活動を阻害するものであるかのごとく考えられているのが現状のようだ。

本書は、上述のとおり社会経済史的視点で書かれている。それは「ナショナル・トラスト運動」の根幹を知るためには、経済学および歴史研究に基づかなければならないからである。もちろんトラストを総合的に研究することは必要だ。

しかし本章の狙いは、トラストの創立と初期の頃の自然保護活動を、大地＝自然、そしてそこで織りなされる農業活動を中心に据えながら見ていこうというのである。その過程を経てこそ初めて、本書の狙いが明らかにされるとともに、トラストの自然保護活動の将来への展望が、ひいては私たち人間社会のこれから進むべき道が照らし出されるのだと信じるからだ。

ナショナル・トラストの発足

ロバート・ハンター（Robert Hunter 一八四四〜一九一三年）が、一八八四年にナショナル・トラストの創立を構想したことは先に触れた。実はこれに先立って、次のようなことがあった。この年、当時住宅改良家として有名であるとともに、入会地保存協会でも働いていた女性のオクタヴィア・ヒル（Octavia Hill 一八三八〜一九一二年）とハンターに、ロンドン近郊のあるマナー・ハウス（manor house）とその周囲の土地を譲渡したいという旨の話が持ち込まれた。結局これは実現しなかったが、この時に弁護士のハンターが、大衆のために土地を持つための法人組織を作ることを考え出したのである。

サー・ロバート・ハンター（1844〜1913年）

オクタヴィア・ヒル（1838〜1912年）

写真はロビン・フェデン著、四元忠博訳『ナショナル・トラスト　その歴史と現状』（時潮社、1984年）より転載。

当時「農業大不況」が長期化する中、貧窮化しつつあった地主たちが自己所領地ばかりでなく、自らの範疇に属する入会地をも不当に囲い込み、それらを売りに出していたことはすでに述べたとおりだ。したがってそれらの土地を購買する機会は数多くあるけれども、任意の団体である入会地保存協会では土地を買うことができない。土地を所有し、売買取引できるのは、個人と法人だけだ。そこで彼が考え出したのは、会社法のもとに、法人組織を作ることだった。

ここであらかじめ注意すべきことは、まず第一に、入会地を含むオープン・スペースを獲得する場合、このオープン・スペースには牧場であれ耕作地であれ、農業用地が付属することが多いということである。それから厳密に言って、草創期には実現することはなかったが、ナショナル・トラスト運動が着実に進行していくにつれて、実際に地主貴族から広大な土地を譲渡あるいは遺贈されることがあった。この場合には、上記のようなオープン・スペースや農業用地ばかりでなく、それらに取り囲まれた村落地をも含むことがある。このように考えると、トラストは土地や建物を単に保護するばかりでなく、トラストが直接に責任を負っている田園地帯のそれらの社会構造全体を、できるだけ無傷のままで保っておこうとすることに気付くはずだ。ここに見られる実際の姿についでは、本書の中で私がナショナル・トラスト運動を紹介する中で、何回となく描くことができるであろう。それから入会地保存協会の活動に見られたように、同協会は、入会地を含むすべてのオープン・スペースに対して、公共的あるいは公益的な性格を付与するのにほぼ成功した。したがってトラストも、所有するオープン・スペースを始め農業用地に対しても、当然それらの持つ公共的性格を認めるようになろう。

このような法人組織ができれば、獲得された土地を管理・運用することによって、相当な収入を得ることができるはずだ。ロバート・ハンターのこの着想は、イギリスにおいては前例がなく、それだけに法律家である彼は、入会地保存協会の仕事と関連させながら、法律の状態を念入りに調べた。そして単にボランティア団体ではなくて、法人団体の必要性を痛感したのだった。

このロバート・ハンターの考えは、オクタヴィア・ヒルの強い支持を得た。一八八五年には、彼女はこの新しい団体のための名称を見つけるのが困難だとの手紙をハンターによこした。ただその中で、彼女としてはトラストという言葉が好きであると述べて、「私はきっとあなたが営利を目的とするような性格よりも、公共的な性格を打ち出すようにうまく取り計らってくださるものと信じております」と書いたという。ハンターはこの手紙の上欄に疑問符をつけて「ナショナル・トラスト」という言葉を鉛筆書きした(3)。

それではなぜハンターは、ヒルからの手紙の上欄に、「ナショナル・トラスト」という語句を付したのだろうか。ハンターは弁護士であると同時に、自然保護運動に長年の間挺身してきた実践家でもあった。「ナショナル」(national)という語には、彼の長年にわたる体験から編み出された意味合いが込められていたに違いない。「トラスト」(trust)という語にしてもそうだ。ところが今やわが国において、横文字が意味もなく氾濫している中で、「ナショナル」にしろ、「トラスト」にしろ、それらは私たちにとってそれほど珍しい言葉ではない。しかしそれらの真の意味を問うとなれば、その答えを見い出すにはよほどの困難を伴う。二つの語ともイギリス的な意味合いを有するものだと言うほかないのだが、だからといってそれで片付けるわけにもいかない。

それではハンターは、なぜ「ナショナル」という語を考え付いたのだろうか。トラストは政府・

行政に頼れない中で、国民のために（for nation）大地＝自然、ひいてはイギリスの国土を守らなければならない。したがってナショナルの語に国家や政府・行政の意味は含まれないのだ。大地＝自然を守るためには、政府・行政を当てにすることができないからこそ、ナショナル・トラストという語句が考えられたのだし、実際にナショナル・トラストが組織されたのだ。もちろんナショナル・トラスト運動が成功するためには、国民に支持されることが必須である。このことを忘れてはならない。

ナショナル・トラストは創立以来今日に至るまで、いや将来に向かって会員一人一人に、ひいては国民一人一人に依拠しながら成長を続けていくことになろう。そのためには会員からの会費および国民からの寄付金を基金に、国民からの信託（trust）を受けて、大地＝自然を購買し、所有し守るとともに、その質を高めていかなければならない。それこそ会員および国民の信託に応え、かつ彼らから信頼を得る唯一の方法である。

「ナショナル・トラスト」という名称は見つかった。しかし新たな組織が具体化するには、その後数年を待たねばならなかった。ところが幸いに、援助の手が北のほうから差し伸べられた。その人こそ「湖水地方の番犬」と言われていた牧師のハードウィック・ローンズリィ（Hardwick Rawnsley 一八五一〜一九二〇年）だった。彼はオクタヴィア・ヒルとは一八七五年以来、親しい間柄にあった。ロバート・ハンターとの出会いは、ローンズリィが入会地保存協会と直接に関係を持った一八八三年のことである。

この年に、遠隔地の湖水地方へも鉄道敷設法案が持ち込まれた。この時、ローンズリィがヒルとハンターに協力を求めたのは自然の成り行きだった。この計画は、ローンズリィら湖水地方の人々による強力な反対運動と入会地保存協会との協力によって、首尾よく廃案に追い込むことができた。しかし彼が、この闘争は単なる前哨戦であり、これから湖水地方にも再び新たな鉄道敷設法案が、そして他の開発計画が次々と打ち出されるだろうと考えたのはむしろ当然であった。このように考えると、彼がヒルとハンター、そして入会地保存協会との関係を持ったということは、なによりもナショナル・トラストの創立という観点から見て、極めて象徴的なことだと言わねばならない。

一八九三年には、湖水地方のいくつかの重要な土地が売りに出された。この頃になると、別荘がすでにウィンダミアの湖畔にまで伸びていたし、また他の湖の周辺にも建物が建つ危険性が迫っていた。湖水地方は危険な状態にあった。彼はロンドンの二人の友人に相談を持ちかけた。もちろんハンターにしろ、ヒルにしろ、ナショナル・トラストの設立について忘れていたわけでは決してなかった。ここに至り、入会地保存協会もその態度を決することにした。

キャノン・H・C・ローンズリィ（1851～1920年）

一八九三年一一月一六日、ロンドンの入会地保存協会の本部において、「ナショナル・トラスト」の創設を議論するための会合が、ハンター、ヒル、ローンズリィによって召集された。

そして翌年、一八九四年七月一六日にはロンドンのハイド・パークのすぐそばにあるグロブナー・ハウスで、ウェストミンスター公爵を議長に発会式のための臨時評議会が開催された。この席上、トラストは会社法のもとに設立され、そして非営利的身分ゆえに、リミテッド（Limited）という語を付さない権原を持つということが明言された。

新しいトラストのための基本定款と通常定款は、同年一二月一二日の第二回の臨時評議会で承認された。そして一八九五年一月一二日には、この生まれたばかりの団体は、「歴史的名勝地および自然的景勝地のためのナショナル・トラスト」（The National Trust for Places of Historic Interest or Natural Beauty）として会社法のもとに滞りなく登録された[4]。

ナショナル・トラストの意味

近来、トラストがイギリス社会に大きなうねりを巻き起こしつつあるあの大きな力強さは一体どこから来るのか。これこそがトラストが私に与えた疑問とも感銘ともつかないものだった。「ナショナル・トラスト」という名称は一八八四年に決定され、一八九五年一月一二日には会社法のもとに正式名称として登録され、その後一字一句も変更されることなく今日に至っている。

それではトラストの運動理念はどこに求められるのか。まず一八九四年に開催された臨時評議会の報告書の冒頭に掲げられた次の文章を、しっかりと把握しておこう。「地方自治体は、最近の法律によって、レクリエーションのための入会地や他の土地を所有することができる。しかしこのような地方自治体の行為は、必ずしも国民的な財産を守ることを良しとしない地元の利害関係者たちによって必ず影響を受けるものである。……（だから）この欠陥を補うためにナショナル・トラストが設立されたのである[5]」。

トラストの資産を訪ねると、必ずトラストの掲げる標示板に出会う。そしてそこには必ず「ナショナル・トラストは私的な社会事業団体であり、かつ政府から独立している」との説明文を眼にすることができる。ここにトラストが地方自治体からはもとより、政府・行政からも独立しているのだということを、私たちははっきりと知ることができる。

ナショナル・トラストが、その理念に基づいてその目的を成就していくためには、会員や国民の支持と援助に依拠しなければならない。このように考えると、トラストの獲得する土地やその他の資産は、トラストの会員と国民からの会費や寄付金によって購買されたものか、あるいは譲渡および遺贈によるものである。かくしてナショナル・トラストと会員および国民とその資産、すなわち大地＝自然とは三位一体となりうる。

しかしこの三位一体の関係は、自動的に三位一体となりうるわけではない。ナショナル・トラストがかかる三位一体の関係を維持し続けるためには、常にナショナルであり続けるとともに、トラストの意味するところをも常に実行し続けねばならない。ナショナル・トラストがナショナル・トラスト運動を成功裡に果たしていくためには、まず何よりも地方自治体からはもちろん、政府・行政から独立していなければならない。

それではトラストとは具体的には、一体いかなる意味を持つのか。それを知るためには、まず私たちはナショナル・トラストの基本定款と通常定款を検討しなければならない。

ナショナル・トラストの目的

トラストの基本定款（Memorandum of Association of the National Trust）に掲げられているトラストの目的は次のとおりである。「国民のために自然的景勝地および歴史的名勝地を永久に保存し、かつその質を高め、土地については（実行可能な限り）自然のままの状態、特徴そして動物や植物の生命を保全すること」にある。そしてこの目的を履行するために二〇項目が挙げられている。ここでは必要と思われる項目を逐次紹介しておこう。

(1) 一八六二年会社法第二一条にしたがって、土地および家屋（建造物を含めて）を、（無条件に、あるいは何らかの条件、約款あるいは制限つきで）贈与あるいは購買によって獲得し、そして所有すること、およびそれらの土地に付属する採取権、地役権、その他の権利あるいは権益を有すること。

(2) もしトラストによって適切であると考えられるならば、トラストによって所有されるオープン・スペースあるいは他の土地をレクリエーションのために大衆へ供すること。

(3) もしトラストによって適切であると考えられるならば、トラストによって所有される建造物あるいは他の動産をレクリエーションあるいは教育のために（永久に、あるいは一時的に、および何らかの条件にしたがって）大衆の使用に供すること。

(4) オープン・スペース、囲い込まれた庭園あるいは他の土地あるいは建造物を（そこに法律上の利害関係があるかないかにかかわらず）管理し、運営すること。

(5) トラストの土地や建物を大衆が享受(エンジョイ)するために、トラストが必要であると判断するカフェ、休憩所、レストランあるいはその他の建物を作ること。
(6) トラストの土地または建造物にアクセスするための(トラストの資産の然るべき保全と維持のために、トラストが必要だと判断する適度な金額の)料金を徴収すること。
(7) 上記に述べた目的を果たすために、見回り人、使用人および管理人を雇用し、そして迷惑行為を防止し、秩序を保つこと。
(8) 上記の諸目的に関連して、現在あるいは今後設立される法人、州議会、地方議会、教区会、改良委員会あるいは他の地方自治体と、あるいはトラストの資産の近隣に生活している人々と一致協力して活動していくこと。

なおここで注意すべきは、トラストがその活動を円滑に果たしていくために、地方自治体、その他の機関と協力していくべきであるということは、決してトラストがそれらに従属したり、あるいは指導されたりするということではない。あくまでも相互に自立し、相互に責任を果たしつつ協力し合い、その目的を達成するということである。このことについては、後で何回か触れるはずだ。

(9) トラストの所有する土地、あるいは建造物に関して、かかる土地あるいは建造物を国民のために保全し、然るべく管理するために(リースあるいは他の方法で貸し出す権限を含めて)あらゆる権限を行使すること。

⑽　トラストの目的に沿って、トラストに信託された（on trusts）土地あるいは（金銭を含む）他の資産を贈与あるいは遺贈の形で受け入れ、そして所有し、かつかかる信託（trusts）を確実に全うすること。

⑾　会費および寄付金を受け入れ、そしてそれらをトラストの一般目的か、あるいは特殊な目的のために使用すること。

⑿　トラストの目的をより有効に遂行するために、さらに法的権限を得ることが必要になった場合、あるいは組織内容を変更する必要が生じた場合、トラストの評議会はそのための法案を議会へ提出すること。そしてトラストの目的をさらに推し進めるために必要と思われる場合、トラストは院外活動をも行うこと。

同じ基本定款に記載された次の条項（第四条）は、トラストが社会事業団体として、ナショナル・トラスト運動を展開するに当たって、絶対に守るべき必須条件である。

いずれから得られたものであれ、トラストの収入および資産は、基本定款に示されているように、専らトラストの目的の推進のために使用されるのであって、幾分たりとも分配金、ボーナス、その他のいずれのものであっても、トラストの会員のいずれにも利益として直接に、あるいは間接にも支払われたり、手渡されたりしてはならない。

それから次の条項（第八条）も極めて重要である。

国民のために永久に保全するという目的でトラストの資産となる、あるいは歴史的に由緒ある建造物は、トラストが解散または消滅した場合、いずれにしても、トラストの目的に合致しない方法で販売されたり、または処分されたりしてはならない。トラストが解散または消滅した場合には、トラストの負債は上記のような土地あるいは建造物ではないトラストの資産によって返済されるべきである。そしてこのような返済を行った後で、トラストのすべての資産は、大衆の楽しみと利益のために、地方自治体あるいはトラストの目的に類似する目的を有する団体あるいはトラスト（Trust or Trusts）へ贈与されるか、あるいは譲渡されるべきである。このことはトラストが解散する時、または解散する前にトラストの会員によって決定されるか、あるいは不履行の場合には、この問題について監督権を持つ高等法院（the High Court of Justice）の裁判官によって決定される。(6)

以上が本書の論旨に沿って、トラストの基本定款を整理してみたものである。トラストの理念と活動については、実際のナショナル・トラスト運動を以下で紹介していく過程で、より鮮明に理解できるはずだ。

通常定款（Articles of Association of the National Trust）を見ると、会員や組織、そして財政などに関する規定がある。いずれもトラストの活動や運営上のことを知るのに重要である。ここでは詳細については省略せざるをえないが、次のことだけを記しておく。

トラストの行う事業は評議会（the Council）によって管理・統括される。したがってトラストに対する最終的な責任は評議会にある。トラストの初代総裁にはウェストミンスター公爵が就任することが臨時評議会によって決定された。この臨時評議会は第一回年次大会（一八九五年五月一日）までその職務を行うことになっていたが、臨時評議員の数は五〇名からなっており、いずれも指名された人たちだけであった。

しかし次回からの評議員は、その半数の二五名は年次大会での出席会員の選挙によって選出され、あとの二五名はブリティッシュ・ミュージアムやナショナル・ギャラリィ、そして入会地保存協会、オックスフォード大学、ケンブリッジ大学などから二名あるいは一名が指名されることになった。それから評議会は評議員の中から執行委員会（the Executive Committee）を任命することができる。この時の執行委員会の人数は創立者三名を含めて一一名であった。トラストの第一回年次大会は、トラストが法人化された四カ月以内の一八九五年五月一日に開催された。これ以降の年次大会は毎年一回開催されているが、評議会あるいは執行委員会が必要だと認める時には、臨時大会が開催されることになっている。(7)

第三章 ナショナル・トラスト運動の開始

ナショナル・トラスト運動の開始

ナショナル・トラストは、一八九五年一月一二日に社会事業団体（Charitable Association）として正式に法人化された。いよいよロバート・ハンター、オクタヴィア・ヒル、そしてハードウィック・ローンズリィの三名の創立者のもとに、トラストが活動を開始することになる。最初の執行委員会の会議が同年二月に開かれた。ハンターが議長になった。ヒルはアピールの責任を取りながら執行委員会の会議に毎回出席していた。ローンズリィは一九二〇年の死去に至るまで二六年間書記を務めた。

弁護士のハンターについて言えば、ナショナル・トラストは彼の着想によるものであって、彼の生涯の最高の記念碑として残るものである。彼自身、用心深くて控えめで、大変に粘り強い人だったという。創立の年から一九一三年の死去に至るまで、彼は執行委員会の議長として、トラストの活動方針を指導し、そして首尾よく調整していった。

社会改良家のヒルは、すでにナイチンゲールと並び称されるほどに有名になっており、交友の範囲もきわめて広かったという。ウェストミンスター公爵をトラストへ紹介したのも彼女だった。

湖水地方の牧師であったローンズリィは詩人であるとともに、情熱家であり、常に多彩な人物であった。湖水地方にも、トラストにも、これほどの活発な唱道者はいなかった。異常なまでのエネルギーを備えたローンズリィは、一種のプロパガンダの機械だった。彼は力を尽くしてトラストの福音を広めていった。

三名の創立者たちの紹介はこれだけに留めておくけれども、次のことだけは記しておこう。三名ともナショナル・トラスト運動をイギリスに定着させ、確立しようという熱情においては寸分変わらなかったが、その他の点では異なっていた。しかし互いにその欠点を補い合ったということが実りある協力を保証したのだ。ナショナル・トラスト運動の初期の志は、その後のトラストの活動へ引き継がれていくのだが、ナショナル・トラストは、三名の創立者たちのヴィジョンとエネルギーがなかったならば考えられない。

一八九四年にイギリス最大の地主ともいうべきウェストミンスター公爵がトラストの初代総裁に就いた。臨時評議会の五〇名の評議員の中には、芸術家や大学教授など知識層はもちろんのこと、ウェストミンスター公爵をはじめ多くの地主貴族が見い出される。この傾向はその後も続くのだが、このことはトラストへこれから土地や遺産を寄贈しようとする人々に信頼の念を起こさせるに違いない。それはかりではない。イギリスの国土を守るために組織されたナショナル・トラストが、国民一人一人の支持の輪を広げていくことも期待されるのである。

何を、いかにして守るのか

トラストは議会の認可を得て、会社法によって法人としての地位を得た。もちろんトラストは非営利団体で、社会事業団体である。トラストが一〇〇周年祭（一九九五年）を機に、国民からの信頼を失わないためにも、コマーシャライズ化しないように戒めているのは当然だ。[1]

オープン・スペースであれ、歴史的建造物であれ、トラストの資産を訪れると必ずトラストの標示板を眼にする。前述のとおり、ほとんどの標示板には、トラストが「政府から独立した」私的団体であることが謳われている。今日ほど政府や自治体が公害を抑え、そして自然環境を守らねばならない時はない。しかし政府や自治体の行為が依然として、自然環境保護の重要性を必ずしも認めようとしない利害関係者たちによって影響されていることは、我々の日常見聞するところである。このような事情は、トラストの成立の頃も同じだった。

ここにトラストが、このような欠陥を克服するために、純粋な民間団体として設立されたことは、トラストの臨時評議会の席上報告されているとおりだし、また私たち日本人もこのことをしっかりと肝に銘じておかねばならない。この機会を捉えて、次のことを記しておこう。「地域社会へのボランタリーの奉仕精神が、そしてこれこそが創立者たちを突き動かしたのだが、依然としてナショナル・トラストの組織の欠くことのできない特徴なのである。ボランティアの案内人や見張り人が資産の日々の運営に重要な役割を演じ、またヤング・ナショナル・トラスト[2]が多くの保存計画や復旧計画を実行してきた。そしてこれらのことが、トラストがいかにして次の世代において、この奉仕精神によって支えられるべきかということに関心を持たせ、かつ意識させてきた。トラストの相次ぐ成功は、この大群の無給の支援者たちに多くを負っている。そして彼らの博愛主義が正しい方向に向けられているのだということを検証するためには、彼らにとって創立者たちの広い哲学が重要であるに違いない[3]」。

ここではもう一度ナショナル・トラストの意味を踏まえながら、彼らが何を所有し、そしてそれをいかにして守ろうとしたのかを考えることにしよう。

トラストが所有し、そして永久に守ろうとしたのは、トラストのフルネームからも明らかなように、「自然的景勝地」と「歴史的名勝地」である。「自然的景勝地」については、入会地を含めたオープン・スペースである。しかしトラストのいうオープン・スペースについては、本書で説明したような狭義の意味に捉える必要はない。なぜならばトラストがオープン・スペースを獲得する場合、そこには必ずと言っていいほど農業用地を含むし、また場合によっては村落地さえも含むことがあるからだ。したがってトラストは現在、オープン・スペースという言葉の代わりに、オープン・カントリィサイドという表現を用いている。具体的に表現すればこうである。「動植物、農業、森林、歴史、建物、そして大衆のレクリエーションなどに注意を凝らしながら、それら全体の均衡を保つことに重点を置いている[4]」。トラストの草創期には、これほど広大なオープン・カントリィサイドは獲得できなかった。しかし創立後まもなく、一世代も経ずにこのようなオープン・カントリィサイドを手に入れることになる。トラストの目指した「自然的景勝地」とはこのようなものだったのである。一般的に言って、醜い自然はない。だから自然を無益なものとして放擲《ほうてき》するいわれもない。このように考えると、トラストの言う「自然的景勝地」は土であり、大地であるということになる。

それではトラストの言う「歴史的名勝地」とは何を指すのか。古くは考古学上重要な意味を持つ遺物や遺跡であり、また歴史的に由緒ある建築物などを指す。現在イギリスでナショナル・トラストが所有する資産のうち人気の高いものにカントリィ・ハウスがある。これらのカントリィ・ハウスを含めた歴史的名勝地については、本書では紙幅の都合上、詳細に紹介できないのは残念だ。ただカントリィ・ハウスをはじめ歴史的建造物については、トラストの訪問者や会員のために、トラストが毎年発行している『ナショナル・トラスト・ハンドブック』（*The National Trust Handbook*）がある。この本にはトラストのカントリィ・ハウスや庭園などについて簡潔な説明があり、またそこへ行くための公共交通機関の案内もある。是非利用されたい。ここでは私の問題意識にしたがって、カントリィ・ハウスを含めた「歴史的名勝地」がいかなる意味を持つのかをしばらく考えてみよう。

考古学上重要な研究対象であれ、歴史的建造物であれ、それらはすべて大地と一体となっている。このことをまず強調しておこう。そしてここは人々の生活の場であるから、そこが形(景)勝の地であり、かつまたそこで人々の生活が営まれ、そして様々な文化が形成されていったことも自ずと理解できよう。衣食住の対象こそ大地＝自然であることを私たちは決して忘れてはならない。ここで織りなされてきた人類の歴史こそ、私たちがこれから歩んでいかねばならない生活上の指針を示してくれるものだ。

ナショナル・トラストはこのようなものを所有し、永久に守り、そして育てるために設立されたのである。それではトラストは誰のために、そしてどのようにして自然的景勝地と歴史的名勝地を守ろうとしているのか。その解答はすでにトラストの基本定款と通常定款の中で見たとおりだ。


わが国では、神話にも等しかった銀行の信用さえも失墜してしまっている。トラスト（信託）という語に関していえば、通常、我々が他人によって信頼を受けた以上、それに命がけで応えようとするのは当然のことだが、私たち日本人にはやはりトラストという語は、なじみの薄いものだろうか。そうであるならばイギリスに渡って、トラストがオープン・カントリィサイドと言っている地域を訪ね、実際にそこを歩いてみて欲しい。その地域社会の人々と自然とが渾然一体となって息づいているのが分かるはずだ。トラストは自然的景勝地であれ、歴史的名勝地であれ、そこを国民のために守るように信託された以上、そこを単に守り続けるだけでなく、その質を高めるために努力していかねばならない。そのことを実感できるはずだ。

ナショナル・トラストとその会員および国民と大地とは三位一体となるべきものだ。トラストが現在、そのように努力しつつあることを私はこれまで三〇余年の間、トラストの大地に立ち、イギリスの人々と語り、そして歩きながら考え、そして確認することができたと思っている。ナショナル・トラスト運動の真髄こそ、この点に求めるべきだ。このように考えると、トラストはその所有する大地を媒介にして、イギリス国民の間にイギリス国民としての自覚を樹立できるのだという展望を持ちうるのではないか。人間は大地の上に生まれ育ち、そして大地へと帰っていく。人間をはじめ生きとし生けるものすべての生きるための糧は大地から与えられる。人間と大地との関係はあまりにも深い。しかし資本主義社会の成立以降、工業化と都市化が進む中で国民の大部分が土地から切り離されてきたという歴史的事実は、イギリスであれ日本であれ同じである。このような歴史的状況の中で、現在私たち日本人が一国において、独立した個人でありえても、私たちがその中で本当の意味での国民としての自覚を持ちうるかどうかははなはだ疑わしい。しかしそうだとしても、私たち日本人も、わが国で真の「ナショナル・トラスト運動」を樹立し、そしてこの運動に参加することができるならば、私たち日本人も大地との関係を取り戻し、国民としての自覚を育てうるのではないか。わが国でも漸く二〇〇六年三月、NPO法人奥山保全トラストが誕生したことは「まえがき」に記したとおりである。私たちがナショナル・トラストから学ぶべきことはあまりにも多い。私たちの運動もナショナル・トラストを先達として、将来へ向けて羽ばたいていくために努力していかねばならない。

二〇二二年現在、ナショナル・トラストはイングランド、ウェールズ、北アイルランドにおいて五三〇万人以上の会員を擁し、約六二万六〇〇〇エーカー（約二五万三〇〇〇ヘクタール）の土地と七〇七マイル（一一三八キロメートル）以上の海岸線を所有し、守っている。その他五〇〇のカントリィ・ハウスなど歴史的建造物や、庭園や美観を備えた私園（landscape parks）を所有し、管理している。

これらのいわゆる自然的景勝地や歴史的名勝地において展開されるナショナル・トラスト運動こそ、ナショナル・トラストの会員および国民と大地とを三位一体化させ、ひいては国民としての自覚を育てうるのだと言ってよい。トラストの所有する大地のうち約八〇%が農業用地として利用されていることに注目すべきだ。トラストの場合、農村地帯を単なる農業用地として見ているのではない。農業用地と村落地、そしてそこを取り巻くオープン・スペースをオープン・カントリィサイドとして捉え、ここを拠点として繰り広げられる農業活動とグリーン・ツーリズムを一体として考えているのである。

今日のトラストの戦略的な目標こそ、地域社会と地域経済を再び活性化させることにある。だから私が描くナショナル・トラスト運動は、トラストの農業活動とグリーン・ツーリズムに主として焦点が当てられることになる。ただトラストの所有する資産のうち、人気の高いものにカントリィ・ハウスがある。カントリィ・ハウスが地方にあり、かつそれらがかつては地主貴族の大邸宅であった限り、農業活動と切り離せないことは言うまでもない。そういう観点に立った場合、トラストの所有するカントリィ・ハウスが地域社会の中で、どのように位置づけられるのか、私の体験をも交えながら考えてみたいと思っている。

二〇二二年現在のトラストの規模についてはすでに述べた。今やナショナル・トラスト運動は、一つの大きなうねりを、というよりもむしろ国民的運動を展開している。それにスコットランドにおいても、後述するようにナショナル・トラスト運動は、トラストのそれに劣らず順調に展開しつつある。かくしてナショナル・トラスト運動はイギリス全土において、国民的運動を展開しているのだ。

一国における国土は大まかに言って山、川、海からなる。現在のナショナル・トラストはイギリス国土の実質部分を所有し、守りつつある。それではトラストは自らの大地をどのようにして守っているのか。

本書Ⅱで、山岳地帯を歩き、Ⅲでは田園地帯を歩いてみよう。それからⅣで海岸線を歩いてみる。そうすればナショナル・トラストが自らの大地を、山、川、海とそれぞれを守りつつ、ついにはイギリスの国土を救うに至るのだということを展望できるのではないか。それこそひいては人間をはじめ生きとし生けるものが救われ、ついには私たちが住む地球が救われるのだということに希望を託すことができるように思う。ナショナル・トラストは今やEUへ、そして世界中へと発信を続けているのだから。

ただし次のことも忘れてはならない。トラストは資本主義下、工業化と都市化が進行する中で、自然破壊が生じ、それを阻止するために生まれた。それにもかかわらず自然破壊は進む。だからトラストは、現実に自然破壊と向き合いかつ対峙しながら、ナショナル・トラスト運動を推し進めているのだということを。このように考えると、現在も都市化が進行しつつある時、トラストが都市近郊においてどのような運動を展開しつつあるのかを見ておく必要がある。本書Ⅴにおいてロンドンをはじめとする都市近郊を歩きながらナショナル・トラスト運動とは何かをもっと深く考えてみることにしよう。

[注]

●第一章

(1) G.M.Trevelyan, *Must England's Beauty Perish?* (London, 1929) p.14.

(2) 平松 紘著『イギリス環境法の基礎研究—コモンズの史的変容とオープン・スペースの展開—』(敬文堂、一九九五年) 三二六〜三二八頁。

(3) ウィンブルドン・マナー (Wimbledon Manor)。テニスで有名なロンドン南西部にあるウィンブルドン地区の一角にあった荘園。

エッピング・フォレスト (Epping Forest)。ロンドン北東部にある広大な緑地帯。現在ロンドン市が管理している。

バーカムステッド (Berkhamstead)。ロンドン北西部に位置する緑豊かなロンドン近郊地。ここは現在ナショナル・トラストの所有地となっている。

ニュー・フォレスト (New Forest)。イギリスの南西部ハンプシァに位置する広大な緑豊かな風光明媚の地帯。現在、特別科学研究対象地区 (Sites of Special Scientific Interest, SSSI) に指定されている。

(4) 平松前掲書、三二二〜三二三頁。

(5) Graham Murphy, *Founders of the National Trust* (National Trust Enterprises Ltd. 2002廉価版) p.23. 筆者訳『ナショナル・トラストの誕生』(緑風出版、一九九二年)。

(6) Robin Fedden, *The National Trust –Past and Present* (London, 1968) p.158. 筆者訳『ナショナル・トラスト—その歴史と現状』(時潮社、一九八四年) 一八六頁。

●第二章

(1) 最近ナショナル・トラストの成立をめぐって研究したものとして、次の労作がある。水野祥子「世紀転換期イギリスの環境保護活動—ナショナル・トラスト創設をめぐる新たな展開—」『西洋史学』(日本西洋史学会、第一九一号、一九九八年) 二二〜四一頁。同上稿「ナショナル・トラスト—景勝地保護と国民統合」

指　昭博編『「イギリス」であること―アイデンティティ探求の歴史―』（刀水書房、一九九九年）一八六〜二〇六頁。その他に横川節子『イギリス　ナショナル・トラストを旅する』（千早書房、二〇〇一年）、小野まり『図説英国ナショナル・トラスト紀行』（河出書房新社、二〇〇六年）などがある。

（2）J. L. Milne, ed., *The National Trust – A Record of Fifty Years' Achievement* (London, 1945).

B. L. Thompson, *The Lake District and the National Trust* (Kendal, 1946).

Robin Fedden, *The National Trust – Past and Present* (London, 1968) 筆者訳『ナショナル・トラスト―その歴史と現状』（時潮社、一九八四年）。

Graham Murphy, *op. cit.*, 筆者訳前掲書。

Elizabeth Battrick, *Guardian of the Lakes – A History of the National Trust in the Lake District from 1946* (Kendal, 1987).

John Gaze, *Figures in a Landscape – A History of the National Trust* (London, 1988).

Charlie Pye-Smith, *In Search of Neptune – A Celebration of the National Trust's Coastline* (London, 1990).

Jennifer Jenkins & Patrick James, *From Acorn to Oak Tree – The Growth of the National Trust 1895-1994* (London, 1994).

Merlin Waterson, *The National Trust – The First Hundred Years* (London, 1995).

Howard Newby ed., *The National Trust – the Next Hundred Years* (London, 1995).

（3）Graham Murphy, *op.cit.*, p.102. 筆者訳前掲書一五九頁。

（4）*The National Trust Report of the Provisional Council, for the year ending April 30th, 1895*, pp.3-4.

（5）*Ibid.*, p.3.

（6）以上、The Companies Acts, 1862-1890 – Memorandum of Association of the National Trust for Places of Historic Interest or Natural Beauty, pp.5-9.

（7）以上、Articles of Association of the National Trust, pp.11-20.

◉第三章

(1) The National Trust: *1994-95 Annual Report and Accounts*, p.14.

(2) ヤング・ナショナル・トラスト(Young National Trust)

ナショナル・トラストに属する若者たちのボランティア活動。若者たちは学校の休暇を利用して、トラストの所有地でキャンプをしながら(これをエイコーン・キャンプ Acorn Camp という)、ボランティア活動を行う。たとえばトラストの所有地にある歩道を修繕したり、ゴミを片付けたり、あるいは海辺や川や溝などを掃除したりする。またヤング・ナショナル・トラスト・シアターもある。

(3) Graham Murphy, *op.cit.*, p.125. 訳書一九六頁。

(4) たとえば筆者稿「ナショナル・トラストとイギリス経済—望むべき国民経済を求めて—」『日本の科学者』一九九七年二月号(Vol.32. No.2 通巻三四九号)四一頁を参照されたい。

II
山岳地帯を歩く

第一章　湖水地方を歩く

ウィンダミア湖畔を歩く

イングランド北西部の山岳地帯にある湖水地方（the Lake Districts）は、美しい湖と山に囲まれた世界でも有数の風光明媚な保養地である。私がここを初めて訪ねたのは一九八五年七月四日のことだ。この日、私はナショナル・トラスト本部の紹介によって、アンブルサイドの北西部地方事務所（現在グラスミアに移転）のナイジェル・セイル氏に会うことができた。冒頭、私は彼にトラストの創立者の一人、キャノン・ローンズリィを研究したい旨を告げた。そうすると彼はすぐにエリザベス・バトリック女史を紹介してくれた。彼女と会って、私はローンズリィと農業との関係について質問した。すると彼女は私をアンブルサイドの図書館へ連れて行ってくれたのである。帰国後、ここで得られた資料やローンズリィが『タイムズ』紙などに投稿した多くの記事などを参考にしなが

湖水地方

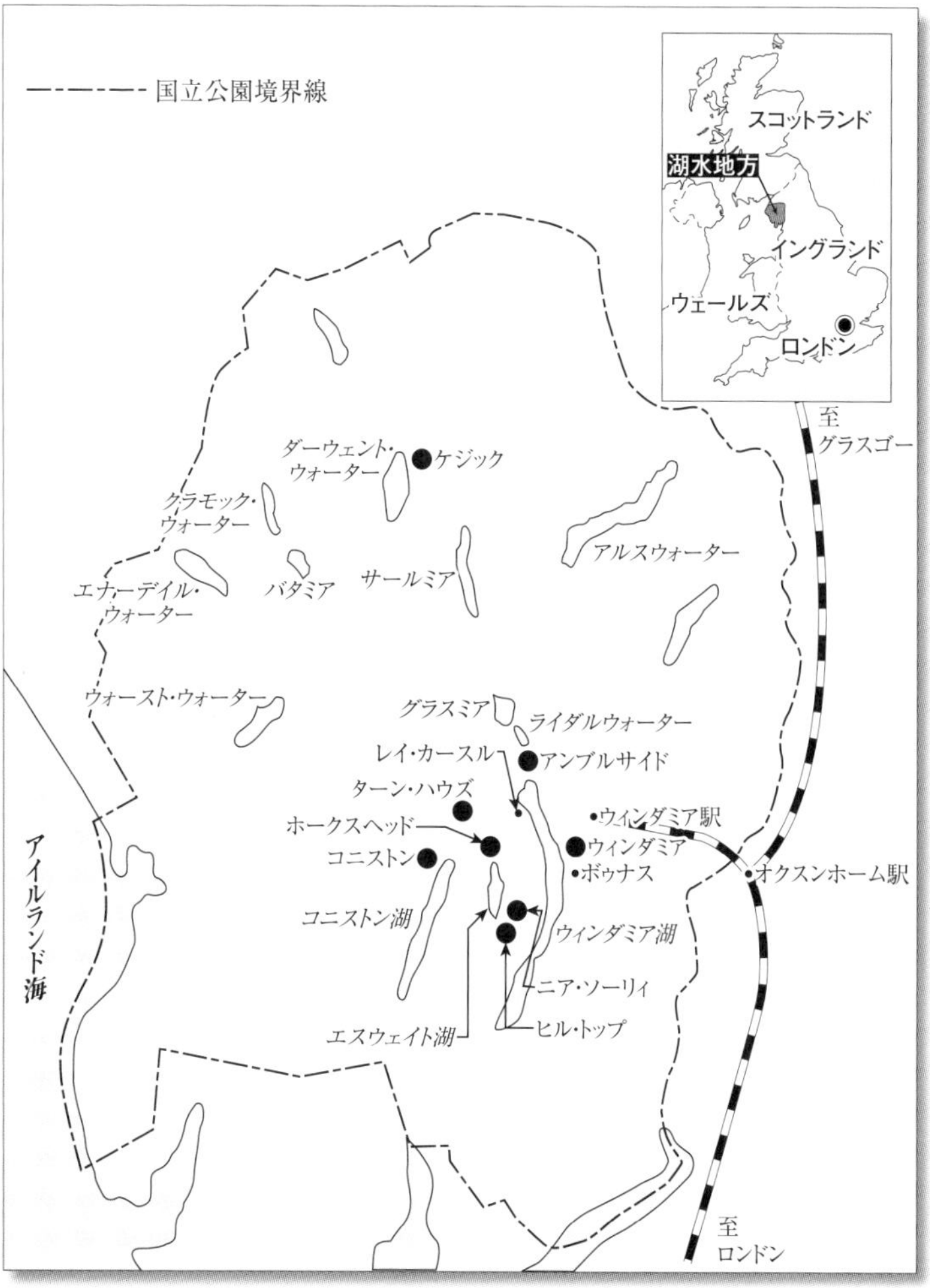
国立公園境界線
スコットランド
湖水地方
イングランド
ウェールズ
ロンドン
至
グラスゴー
ダーウェント・
ウォーター
ケジック
クラモック・
ウォーター
アルスウォーター
エナーデイル・
ウォーター
バタミア
サールミア
ウォースト・ウォーター
グラスミア
ライダルウォーター
レイ・カースル
アンブルサイド
ターン・ハウズ
ホークスヘッド
コニストン
ウィンダミア駅
ウィンダミア
ボゥナス
オクスンホーム駅
アイルランド海
コニストン湖
ウィンダミア湖
ニア・ソーリィ
エスウェイト湖
ヒル・トップ
至
ロンドン

ら、私はローンズリィに関する小論を書くことができた。(1) この時の経験がナショナル・トラスト研究に向かわせた動機の一つであったことは言うまでもない。

この年、私は湖水地方を四回訪ねている。この年の私の湖水地方への強烈な記憶は、バタミアの東湖畔から遠くに見る西湖畔の幽玄に満ちた自然の美しさと、冬に訪ねたアンブルサイドからケジックへのバスの車窓から見た真っ白な雪景色である。もう暗くなりかかっていたが、コニストンからアンブルサイドへの帰途のバスの中であった初老の女性が、リタイアしたのを記念して雪の湖水地方を訪れたことを話してくれたのを思い出す。

ウィンダミアは湖水地方の入り口に当たる。だから私も始めて湖水地方を訪ねるに当たって、まず目指したのはウィンダミア駅であった。ここへ行くにはロンドン・ユーストン駅でグラスゴー・セントラル行きの列車に乗り、オクスンホーム(Oxenholme)駅で下車。ここでウィンダミア行きの列車に乗り換える。ウィンダミア駅に着いてしばらく待てば、ウィンダミア湖畔のボゥナス(Bowness)行きのバスも、アンブルサイドやケジック行きのバスもやって来る。一九八五年以降、私はほぼ毎年ナショナル・トラスト研究のためにイギリスを訪ねているが、この時には必ず湖水地方も訪ねている。なぜかといえば、湖水地方が私をとりこにしているとしか言いようがないが、その他にここがナショナル・トラスト運動を理解するのに格好の場を提供しているからだと言うこともできる。

それではいよいよ読者を湖水地方へ招待しなければならないが、そのためにはまず湖水地方を郷里とするローンズリィとウィンダミアとの関係から始めねばなるまい。

一八九五年に会社法によって創立されたトラストは、その後順調に成長を続けた。一九〇七年にはナショナル・トラスト法が施行され、トラストは法人として再構成されることになった。ここにトラストはトラスト所有下の歴史的名勝地と自然的景勝地が「譲渡不能」(inalienable)であると宣言することができるようになった。ローンズリィは、すでに一九〇五年一一月一八日の『タイムズ』紙上で、次のように言っている。「もしアルスウォーターの湖畔のオープン・スペースがトラストの所有下に入れば、大衆のそこへの出入りの権利は永久に保証される(2)」と。このウィンダミアの北方にあるアルスウォーターの湖畔にあるオープン・スペースこそは七五〇エーカー(三〇〇ヘクタール)を占めるガウバロウ・パークであるが、これは国民からの寄付金によって一九〇六年に獲得された。トラストがナショナル・トラストであればこそ、彼が上記のような表現を使うことができたのだが、ローンズリィのこの言葉は一九〇七年のこの法律で名実ともに真実となったのである。

それではいよいよウィンダミアの湖畔を歩くことにしよう。ウィンダミア駅から湖畔のボウナス(Bowness)へ行くには、歩いて(三〇分位)も良いしバスでもよい。ここはさすがに賑やかだ。船着場を過ぎて少し行くと、トラストのコックショット・ポイントの標示板に出会う。ここは一九二七年、ビアトリクス・ポターがピーター・ラビットの絵を売ったお金で買って、トラストに贈与した土地である。もしこの土地がトラストの土地でなかったならば、とっくにこの土地も建物で塞がっていたかもしれない。そう思いながら、時には牛が放牧されているトラストの土地の歩道をしばらく行くと、フェリー乗り場に着く。

ウィンダミア湖畔の西岸を歩くために、私がこのフェリー乗り場から西岸へ渡ったのは一九九一

ウィンダミア湖畔

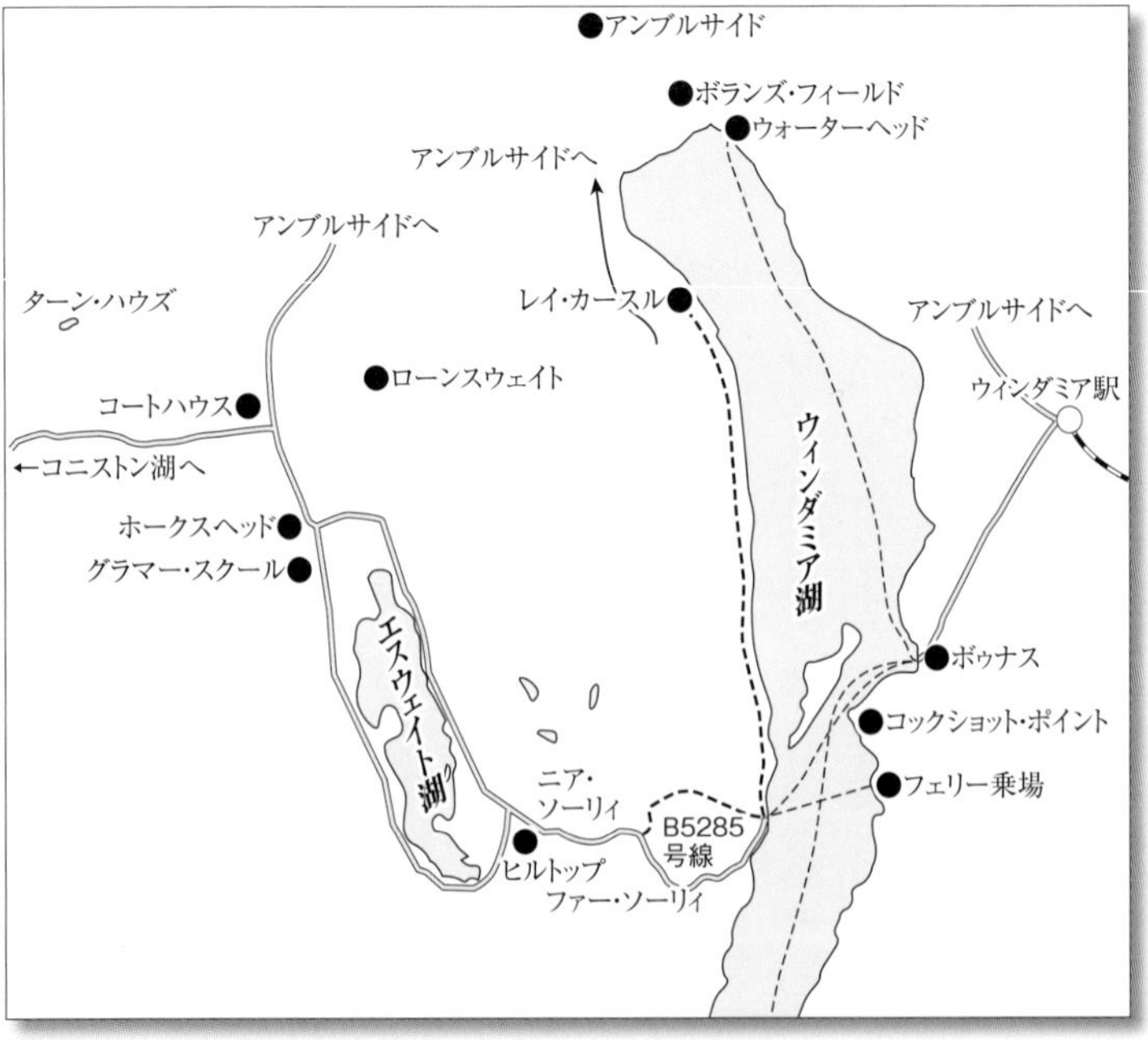

年七月のことだった。もうこの頃は、ウィンダミアの西岸はほとんどがトラストの所有下にあった。それに同じ湖畔にあるレイ・カースルも訪ねたかった。ここはローンズリィが一八八二年にビアトリクス・ポターと初めて会ったところである。またここからごく近くにある教区教会は、ローンズリィが湖水地方で初めて聖職についたところだ。

フェリーで西岸へ渡った私は、早速湖畔に沿ってアンブルサイドへ向かって歩き始めた。ナショナル・トラストの資産を示す標示板が目立たないところにいくつも置かれている。これはトラストの資産が一挙に獲得されたのではなく、何回にもわたって獲得されていったことを示すものだ。このことはトラストの創立後の年次報告書を詳細に検討すれば容易に理解できる。ただトラストの所有地の境界線が分からないので、私が歩いた一〇キロほどの土地がすべてトラストの土地であったかどうかは分からない。ただほとんどすべての土地がトラストの所有地であることだけは間違いない。

私は湖畔を歩き、レイ・カースルを訪ね、そしてローンズリィが勤めた教区教会も見つけた。私の歩き続けたところは自然のままの美しさを完全に保っていた。自然のままとはいえ、それは人間の手を全然加えていないというのではない。歩道がある。自然のままの美しさを保つために、人間の注意と普段の手入れが加えられている。人工の余計なものはない。自然保存地でさえ、人間の注意が注がれなければ、自然保存地ではなくなる。トラストの資産はそのことを教えてくれる。

ウィンダミア湖畔の西岸で貴重な体験を積みながら、教区教会の前にある公道に出てアンブルサイドへ向かった。この日はウィンダミアのアンブルサイド寄りの船着場のあるウォーターヘッドのホテルに投宿。湖畔に出て右手を見ると、トラストのボランズ・フィールドが見える。ここは古代ローマの要塞の跡である。ここから湖のほうを眺めると、左のほうはホテル街がそこまで伸びてきている。右のほうは自然のままだ。ボランズ・フィールドの持つ役割は一目瞭然だ。この時の写真を紹介したいのだが、私のついうっかりした判断ミスのために写真撮影を翌朝に延ばしたのがいけなかった。朝は濃霧だった。

写真撮影を諦めて、私は予定どおりビアトリクス・ポターで有名なヒル・トップへ向かうことにした。彼女の名前はわが国では、『ピーター・ラビット』、『グロースターの洋服屋』、『リスのナトキン』などの本で広く知られている。彼女はこれらの本の印税で一九〇五年、湖水地方のニア・ソーリィにあるこのヒル・トップを買った。今では日本からの観光客も大勢ヒル・トップを訪れているから、ツタの絡んだ少し古ぼけた、それほど大きくはないが、とても親しみのもてるあの建物を思い出す人は多いはずだ。しかしヒル・トップを思い出す時、あの建物だけを思い浮かべるだけでは不十分だ。周囲の小高い丘に囲まれたヒル・トップ農場を含むのだし、それ以後も彼女は機会あるたびに農場を増やしていった。彼女の童話作家および挿絵画家としての成功が、彼女に活動的な湖水地方の農民と羊の飼育家として、自らの生活を築き上げる自信を与えたのであろう。そういう意味でこのヒル・トップの購買は、彼女の農業への深い関心と湖水地方の自然保護への生涯にわたる献身のための一大契機となった。

彼女は一九四三年に七七歳で亡くなったが、一八八二年にはローンズリィとレイ・カースルで会っていた。ローンズリィはビアトリクスの父と親友であり、ローンズリィが彼女に与えた影響は大きかった。ローンズリィ家の一人息子のノーエルによれば、ビアトリクス・ポターは父ローンズリィの人生を本当に愛してくれた人であったという。『ピーター・ラビット』をはじめとする本が次々と出版されたのは、ローンズリィの励ましによるところが大きかった。彼女がニア・ソーリィをはじめとする農場とコテッジを購買していったのは、ナショナル・トラストを特に意中においていたからだ。そして彼女が亡くなった時、ヒル・トップを含む約四〇〇〇エーカー（一六〇〇ヘクタール）以上の土地がトラストに遺贈された。第二次世界大戦後の一九四六年にトラストは、このヒル・トップの家を大衆に開放し今日に至っている。今では日本人、特に女性が大勢見受けられる。このことは今でも、日本では彼女のファンが数多くいるということであろう。

私がヒル・トップに着いたのは、徒歩だったから昼過ぎになった。今ではトラストによって貸し出され、日本の民宿に相当するB&B（Bed & Breakfast）とパブとして使用されているタワー・バンク・アームズをすぐに見つけた。その後ろにたたずむヒル・トップのあの家もすぐにわかった。周囲にはニア・ソーリィの農場と小さな集落が当時のままの静かなたたずまいのうちに広がっている。今はそれらはナショナル・トラストの所有下にある。

ヒル・トップの家

この日は私の留学先であるレディング大学に帰らねばならない用事があった。はやる心を抑えて「今回はヒル・トップの家だけにしよう」と心に決めた。建物の中はビアトリクス・ポターの遺言どおり、当時のままに家具や陶磁器や絵などが置かれている。ここの様子については、わが国の新聞でも他の本でも詳しく紹介されているから説明は割愛しよう。「ビアトリクスは晩婚だったし、子供がいなかったから、動物が好きだったのでしょうね」などと説明役のスーザン夫人をつかまえて見当はずれなことを言ったりした。そのうちに私のほうから彼女に、「ナショナル」や「トラスト」の意味について話したり、正しいナショナル・トラスト像を求めて日本からやって来ていることなどを話した。彼女は私の話にとても興味を持ったようだ。是非ここの責任者のマイク・ヘミング氏に会えという。「時間がないから、次の機会にしよう」と私は言ったが、「すぐに帰ってくるから、もう少しここで待ちなさい」と言う。しばらく待つとマイク・ヘミング氏が現れた。温和な感じの紳士だった。私のナショナル・トラスト理解に同意してくれた。彼の言っていることにも私は十分に同意できた。再会を約束してヒル・トップを後にウィンダミアのフェリー乗り場へ向かった。

それにつけてもイギリスはとても土の匂いのするところだ。しかしイギリスは未開地でも発展途上国でもない。産業革命を最初に実現した国であり、七つの海を制覇した国だ。いわば工業文明を体現した後に現在のイギリスがあるのだ。反面教師であることも含め、我々はイギリスから学ぶべきものをたくさん持っているのだ。

ヒル・トップへの訪問の機会は一カ月後にやってきた。私は八月三一日夕方、マイク・ヘミング氏がニア・ソーリィに予約してくれていたホテルに着いた。翌朝日曜日、約束の午前一〇時、私はホテルの玄関の前に立った。マイクはすぐに来てくれた。このところずっと晴天続きでむしろ暑い。我々は早速歩き始めた。私はこれから一日中彼について歩いていけるだろうかと一瞬不安がよぎった。ヒル・トップの家を左に折れて、北東へ向けて小さな道へ入った。ここニア・ソーリィはエスウェイト湖とウィンダミア湖の中ほどに位置する。だから私たちはウィンダミアの湖畔へ向かっているわけだ。しばらく登って行くと小さな湖であるモス・エクルス・ターンに着いた。少し入って、湖に沿って歩いてみた。ビアトリクス・ポターも夫のウィリアム・ヒーリスもここで釣りを楽しんだに違いない。いつの日だったか、ここで釣りをした後帰路についていた子らに何を釣ったかと聞いたら、「カープ（鯉）」と言ったのを思い出す。もと来た道に戻ってまた歩き始める。それほど急なわけではない。歩道は歩くのにさほど困難を感じない。やはりボランティアのおかげだ。歩きやすいように人の手が加えられているのに気付く。再び小さな湖を左右に見ながら進んでいく。さらに進むと、ついにウィンダミアが眼下に広がった。素晴らしい自然のままの眺めだ。余計な人工物などどこにもない。マイクが「暑いので、もやがかかっている」と説明してくれる。それでも日本の夏ほどではない。はるか向こうには湖水地方の山並みがかすかに見える。マイクが「あの山並みはすべてナショナル・トラストのものだと言ってよい」と言ったが、私には大げさには聞こえなかった。トラストは湖水地方の国立公園の実に四分の一以上を所有し、保護しているのだ。方角によっては、まさにそのとおりなのだ。私も大学で学生に、プロジェクターを使いながら同じようなことを言っている。

それほど急坂ではなく、思ったほどハードな歩行ではなかった。マイクが私の歩みに合わせてくれたのだろうか。私はすっかり湖水地方をエンジョイしていた。野生の鹿も見た。エイコーン・キャンプの基地（青少年たちのボランティア活動のための宿泊地）にも出会った。時々マイクが地図で確かめながら進んでいく。色々なことを話しながら歩いて行く。ホークスヘッドに近づいたのだろうか。農場が広がり、時々農家が見える。トラストの借地農の家か、それともその借地農の労働者の家であるかもしれない。あるいは後年、私たち夫婦で泊まったことのあるB&Bも兼ねているトラストの借地農のハイ・ローンスウェイト農場かもしれない。羊たちが草を食んでいる農場を歩きながら、牧草地（meadow）と放牧地（pasture）の違いは何かなど、取りとめもないことを話しながら歩き進む。

ビアトリクス・ポター・ギャラリィや湖畔詩人のワーズワースが幼い頃学んだグラマー・スクールもあるホークスヘッドに着いたのは午後二時頃だっただろうか。ここでしばらく小休止して昼食を済ます。

それから私たちはヒル・トップのほうへ帰路を取り始めた。グラマー・スクールを右に見てしばらくするとエスウェイト湖が見えた。左手に見るエスウェイト湖は満々と水を湛えている。湖畔にある牧場で羊たちが草を食んでいるさまは、私が何度も訪れている湖水地方の風景のうちでも忘れられない風景の一つとなっている。しばらくすると右手にユース・ホステルが見えてきた。車が時々通り過ぎるけれども、それほど苦にはならない。しかしこれまで歩いてきた自然のままの美しさと静けさに満ちた、そして心底から人間の疲れた心を癒してくれるあの美しさとは違う。四時過ぎにはヒル・トップに着いた。ほぼ六時間のウォーキングを私たちはエンジョイしたのだ。

しかしこれで終わりにするにはもったいなさ過ぎた。イギリスの夏の太陽はなかなか沈まない。私たちはしばらく休んだあと、マイクの車でウィンダミアの南端のカートメルにある修道小院の城門(Priory Gatehouse)に行くことにした。ここは一九四六年にトラストへ贈与されたのだが、一六二四年から一七九〇年までグラマー・スクールとして使われたこともあるという。中世時代のたたずまいを残すカートメルの町並みも忘れられないのだが、ここの教会の鐘楼で数名の男女が鐘をつくのを見ることができたのは、貴重な体験であった(3)。それにここから見下ろす湖水地方のオープン・カントリィサイドの風景もすばらしい。

私はこの日の行程から多くのことを学んだ。トラストは現在、湖水地方の四分の一以上を所有し守っている。オープン・カントリィサイドだけを考えれば、トラストは湖水地方の大部分を所有し、守っているといっても決して大げさではあるまい。その中には森林地を含め、牧草地や放牧場がある。もちろん農業が必ずしも自然保護と両立するわけではない。例えば資本主義的な大規模農業が自然保護と矛盾するものであることは、今では多くの人たちによって憂慮されているとおりだ。しかしトラストの農業が自然保護と矛盾するどころか、自然保護と一体化しつつあることは、すでに述べたとおりだ。トラストの実際の農業活動については、改めて後述しよう。

ホークスヘッド

先にホークスヘッドについて少し触れた。ここにはビアトリクス・ポター・ギャラリィやトラストのショップもある。湖水地方を訪ねる人なら是非訪ねてほしいところだ。ここへはヒル・トップやコニストン湖を含めアンブルサイドからバス便がある。コニストン湖もわが国では知られていると思うが、この湖は東からウィンダミア、ヒル・トップ、ホークスヘッドと連なっており、アンブルサイドからの連絡も良い。なおビアトリクス・ポター・ギャラリィなど、オープン・スペース以外のトラストの資産も当然入場可能だが、トラストの会員以外は有料である。それに季節や曜日によって閉館されることもあるので、詳細についてはトラストの発行するハンドブックを参照してほしい。このハンドブックは会員以外は購買しなければならない。

コニストン湖畔を行く

二〇〇一年三月五日、私は単身イギリスへ渡った。読者の中には思い出す人もいると思うが、この時すでにイギリスで口蹄疫(foot and mouth disease)が発生し、広がりつつあった。しかし渡英前、サマセット州にある国立公園のエクスムアの主要部分を占めるトラストのハニコト・エステート(Holnicote Estate)の事務所を三月八日に訪ねる約束をしていた。ただし口蹄疫が広がらない限りとの約束であった。いったい口蹄疫とはいかなる家畜伝染病なのか。知人からわが国の具体的な情報を入手し、検討もしてみた。前年の二〇〇〇年には宮崎県と北海道で口蹄疫の疑いのある肉用牛が確認され、その治療法がないことも知った。この口蹄疫と直接関係があるかどうかわからないが、二〇〇七年一月三一日には、宮崎県と岡山県で高病原性鳥インフルエンザが発生した疑いがあるとマスコミで報道された。口蹄疫と今度の鳥インフルエンザが直接関係なくとも、次々とこのような悪性の疫病が発生すること自体、不気味としか言いようがない。それでもイギリスの口蹄疫の発生源がトラストの農場であるはずはないが、感染する危険は十分にあるだろう。一抹の不安を抱きながら渡英したのだった。

ロンドンに着いた翌朝、ハニコト・エステートの事務所に電話してみた。ここは五つの村を持つ広大なカントリィサイドだ。気にしていた口蹄疫はイギリスの各地に広がりつつあった。返事では

「訪問は不可能だ。会う日は後日検討しよう」とのことだった。イギリスでは口蹄疫は一九六七年にも発生している。しかしここで注意すべきは、この年の口蹄疫の感染域の範囲が一九六七年当時のそれよりも、農法が大きく変化したこともあって、相当に拡大しつつあるということだ。二〇〇一年三月一三日の新聞によれば、すでに全国で一八二ケースが発生し、一二万頭近くの羊や豚、牛などの家畜が屠殺され、焼却されたという。それに四万頭以上が屠殺されるのを待機中だ。以後私の滞英中、これらの数字はますます増えていった。一ケースが一農場だと考えると近代農法化した現在、羊だけでも一農場だけで五〇〇頭を優に超す。三月一二日の『デイリー・エクスプレス』の記事には、「イギリスが家畜を有機農法で飼育するならば、将来口蹄疫を避けることができるはずだ」と書かれている。

この二〇〇一年のイギリスの口蹄疫発生の事件は、最近の内外の種々の事件と考え合わせる時、決して無視できる問題ではない。しかし本書でより詳細に扱うには余白がない。したがってこの時の私の体験については、他の拙稿[4]に譲り、次のことを報告して本論に入りたい。

二〇〇一年三月三一日、口蹄疫がしょうけつを極める中、私はホークスヘッドのパトリック夫人宅を訪ねた。彼女にはペンリス近くの村落に結婚している長女がいるのだが、今は口蹄疫のためにお互いに行き来もできないとのことだった。湖水地方のカントリィサイドは、今では大部分がトラストの所有下にある。だからすべてが「閉鎖」だ。だが公道は大丈夫だ。私たちは彼女の車で二〜三時間のドライブを楽しんだ後アンブルサイドで別れたのだが、彼女と交わした会話で、次のことが印象に残っている。彼女は私に向かって「アフリカなどからの食料輸入には注意しなければいけない」と言った。この時彼女が言いたかったことは、食料品輸入の持つ健康への被害の恐さだったのだ。彼女と別れた翌朝、手に入れた四月一日の『オブザーバー』紙を見ると、一〇面を全部使って「密輸入の食肉からのウィルスがイギリスを襲う」とのセンセーショナルな記事が載っているではないか。グローバリゼーションは避けられないとはいえ、農産物の貿易自由化を許すほど人間は愚かなのだろうか。それに密貿易が加わるのだ。

それでは前日のドライブに戻ろう。彼女はドライブする前に、どこへ行きたいのかと聞くので「コニストン湖を一周したい」と言った。それには次のようなわけがあった。一九三三年、この湖の南の湖畔に沿った約一九エーカー（七・六ヘクタール）の放牧地がトラストへ贈与された。この時の贈与者の次の言葉に私は大変興味を持っていた。「湖の渚と公道との間のスペースには建物を建ててはならない。そして標高一五〇〇フィート以上の高さのすべての山は公共の資産となるべきであり、永久に大衆にとってアクセス自由であるべきである」。彼はこのように考えて、トラストへこの約一九エーカーの放牧地を贈与した。そして同じ年、引き続いて他の人物がこの土地に隣接する一片の森林地とすぐ側に浮かぶこの湖のピール・アイランドを贈与してくれた(5)。私自身、何回かコニストンを訪れている。しかしコニストン湖の南のほうへは行っていない。この辺りも山林地を含めトラストの土地が広がっている。是非訪ねてみたかった。だから私は迷うことなくコニストン湖を一周してくれるように頼んだのである。

ホークスヘッドからコニストン湖へ行くのは比較的容易だ。まずホークスヘッドからトラストのモンク・コニストン・エステート内にある小さな湖のターン・ハウズのほうへ上り、ここで車を降

ターン・ハウズ

りてしばらくの間、このきれいな憩いの場である湖をエンジョイした。この小さな湖は、かつて私がコニストンの湖畔から登ってきたところだ。ここから周囲の自然風景をエンジョイしながら車で降りていくと、コニストン湖の北岸に出た。口蹄疫がしょうけつを極めている時とはいえ、再び見るコニストン湖の眺望は絶景であった。私たちは東側の湖畔を走り、途中でジョン・ラスキンの家であるブラントウッドに立ち寄り、それからこの湖を一周した。走行中には集落地の小路を走りながら、この土地特有の古い建物にも触れることができたし、湖畔では牧場や放牧場で羊が草を食んでいるのを眺めることもできた。コニストン湖の西岸を走りコニストンの町へ入ったのは何時ごろだっただろうか。ここには新装なったラスキン博物館もあるのだが、ここはトラストの資産ではない。この時はここには寄らずアンブルサイドへ。ターン・ハウズを再び眺めたうえに、コニストン湖を一周できた私は大変満足していた。ドライブとはいえ、ここを征服した気分だった。

ビアトリクス・ポターは彼女の死後、自らの土地約四〇〇〇エーカーをトラストへ遺贈した。ここでその遺贈地についてやや詳しく記しておくことにしよう。ポターと言えば、彼女の絵本に出てくるピーター・ラビットが登場する湖水地方が思い出されるはずだ。トラストは現在湖水地方の土地の大部分を所有し保護している。トラストが確実にその活動を広げてきたことの証拠だが、ここにはトラストの創立者三名のすべてが深い関係と愛着を持っていた。なかでもローンズリィは、湖水地方で一八七七年から一九一七年まで聖職者として生活を全うし、グラスミアのアラン・バンクに引退した後も、トラストのために力を尽くしつつ、一九二〇年にその生涯を閉じた。

ビアトリクス・ポターとローンズリィとの関係についてはすでに述べた。彼女は童話作家として、また挿絵画家として成功した。そして後半生には活動的な湖水地方の農民で、かつ牧羊家として自らの生活を築き上げていった。彼女は一九三九年三月三一日に遺言書を書き残している。一九四三年一二月二二日、彼女は夫のヒーリスに看取られながら亡くなった。遺言書にあるように、わずかな例外を除いて財産のすべてを夫に残した。そして遺言書には彼の死後、彼女のすべての財産はトラストへ贈与するようにと記されている。その中には、ヒル・トップ農場やモンク・コニストン・エステートや数多くのコテッジや農場を含め、ほぼ四〇〇〇エーカーが含まれている。夫のヒーリスが亡くなったのは一九四五年八月だった。彼は自らの遺言書の中で、ホークスヘッドの彼の法律事務所（現在、ビアトリクス・ポター・ギャラリィ）を含めて、自分の財産もビアトリクスの財産に加

ブラントウッドからのコニストン湖の眺め

えて、トラストへ贈与するように指示した。これらのすべての資産は、ヒーリス遺産（Heelis Bequest）と言われている。戦後一九四六年になると、トラストはヒル・トップの家を一般公開した。今でもこの辺りに立てば、ピーター・ラビットをはじめ彼女の作品の中に登場してくる動物たちの姿が髣髴としてくるであろう。

いわゆるヒーリス遺産のうち、ニア・ソーリィのヒル・トップ農場とモンク・コニストン・エステートについては簡単ながら触れた。だがこのヒーリス遺産についてはもう少し述べておかねばならない。ビアトリクス・ポターは一九〇三年以降、ヒル・トップ農場やカースル・ファーム、九つのコテッジ、タワー・バンク・アームズなどのニア・ソーリィの二〇〇エーカー以上の土地を買い、それらを彼女の死後トラストへ遺贈した。一九二三年には、湖水地方の広大な牧羊場の一つである約一九〇〇エーカーのトラウトベック・パーク農場を購入した。ここはウィンダミアからアルスウォーターへ至る途中に位置する渓谷で、その壮観さは湖水地方でも屈指に入る地域だ。ここで彼女は湖水地方特有のハードウィック種の羊を飼育し、改良した。彼女は生涯を湖水地方で全うするのだが、その間彼女を知る者で彼女の牧羊家としての才能を疑うものはいなかった。また彼女のハードウィック種に対する眼識も一通りではなかった。

私はここを一九九四年八月に訪ねてみた。ウィンダミア駅でアルスウォーター行きのバスに乗り、途中歴史的に由緒あるイン（宿屋）の前で降りてトラウトベック・パーク農場へ下っていった。降りてから一周するのに三時間ほどかかったが、静かで穏やかな農場だった。いつの年だったか、アルスウォーターのガウバロウ・パークからの帰途のバスの中でのことだった。トラウトベック・パーク農場に差しかかった頃、バスから見下ろすこの農場の自然風景は壮観であった。私は思わず「ここはビアトリクス・ポターの農場だった！」と叫んだ。乗客は皆一斉に立ち上がった。「今はナショナル・トラストのものだ」と言うことも忘れなかった。今思えば気恥ずかしい気がするが、良い思い出だ。

一九九五年にはモンク・コニストン・エステートを訪ねている。この時はコニストン湖の北岸から北西部へ登って行き、ターン・ハウズに辿り着いた。そしてそこから別の道をとって、再びコニストン湖の北岸に帰り着いたのだった。このコニストン湖沿いの北西部からリトル・ラングデイルの南のほうに連なる四〇〇〇エーカーにものぼるモンク・コニストン・エステートを買った人こそビアトリクス・ポターだった。一九二九年のことだった。この時ビアトリクスは、トラストへそ

トラウトベック・パーク農場

の面積の半分以上を、お金が集まり次第いつでも買った時の価格で譲ってあげると申し入れた。そして死んだら後の残りの分は遺贈するとの約束だった。トラストがそのお金を集めるのに時間はかからなかった。ただ一つ、トラストにとって難問があった。この頃はまだトラストは湖水地方で農地を管理し、運営していくだけの力量に欠けていた。そこでトラストがその土地を引き継げる時が来るまで、そこを彼女が運営してくれるように依頼した。この時彼女は六四歳だったが、この仕事を引き受けた。それにしてもこの頃は、世界恐慌のさなかにあり、彼女にとってもこの仕事は容易な仕事ではなかったはずだ。農産物価格は下落し、一九三二年までに湖水地方の羊の価格は一シリングにも満たなかった。借地農たちは困難に喘ぎ、地代の減免を要求した。彼女も彼らに同情したが、あくまでも経済的な手段でこの困難を乗り切っていった。
一九三六年に湖水地方のトラストの資産の管理責任者として、B・L・トムスンが新たに任ぜられてやってきた。その時ベアトリクスとしては、一方ではホッとしただろうが、他方では寂しい気持ちにもなっただろう。トラストがその土地を引き継いだのは一九三七年だった。しかしこれでトラストとの関係がなくなったわけではなかった。彼女にはまだ安心してトムスン氏にこの土地を手渡すという仕事が残っていたのだ。「借地農たちは、自分たちの問題をヒーリス夫人に持って行き続けた。そして彼女はこれらの問題を、トムスン氏へ適切な指示を添えて伝えた(6)」。「ヒーリス夫人の支持と援助とアドバイスのおかげで、トラストは建物や土地を持つ単なる会社から湖水地方の生活や風景に対して、重要な影響力を持つ団体へと変化していくための最初の大きなステップを踏み始めた(7)」のである。もうこの頃は、彼女は七一歳を過ぎていた。一九三九年三月に彼女が自らの遺言書を書き残したのは先に記したとおりだ。

ヒーリス夫人がトラストへ遺した約四〇〇〇エーカーの土地には、一四の農場が含まれていた。時を経るにつれて、これらの農場も統合されて、現在では一〇の農場となっている。これらの農場は、まだ完全な有機農法を採用しているわけではない。ただしそれらのいくつかの農場では、もはやいわゆる近代農法に依拠することを止め、有機農法によるハードウィック種の羊の飼育が行われ、ラム（子羊の肉）が市場で販売されている。ビアトリクスの農場は、現在も羊の飼育が専ら農業活動の主軸を占めている（二〇〇一年一一月二九日）。

グレート・ラングデイル

以上は、私がバトリック夫人に宛てたビアトリクスの農場に関する質問に彼女が答えてくれたものである。

さてイギリスの国内で市販されている二〇四巻からなる地図帳（Ordnance Survey maps）のうち№90、№96を見ると、トラストのモンク・コニストン・エステートから北のほうへリトル・ラングデイルとグレート・ラングデイルが連なっているのがわかる。

いつの年だったか、私はアンブルサイドからグレート・ラングデイル行きのバスに乗り、終点のオールド・ダンジャン・ジル・ホテル（Old Dungeon Ghyll Hotel）のすぐ傍のバス停で降りた。そこから道を左手に折れて登っていくと、この道ははるか下のほうへリトル・ラングデイルへと通じている。

再びこのホテルへ降りて行き、そこでしばらく休んで、もと来た道をアンブルサイドへ向かって歩き出した。

イギリスにしろ、日本にしろ、地域経済の衰退は未だに止まない。これを阻止しない限り、望ましい国民経済も国民社会も実現するはずがない。ナショナル・トラストの戦略的な目標こそは村落経済と地域社会を再生することだ。すなわち「カントリィサイドの再生(the regeneration of countryside)」だ。そこで私自身、トラストの言うオープン・カントリィサイドが如何なるものであるのか、私の足で確認しなければならない。私はこのような思いを抱きながら、このホテルを後にしたのだ。歩き進むにつれて、トラストの言うオープン・カントリィサイドを眼にする。集落地では農場の建物や牛や羊のいる家畜小屋を見ることもできたし、広々とした農場には家畜が群れ、また耕作地もあった。振り向くとグレート・ラングデイルのはるか向こうには、トラストが維持し守っているスコーフェル・パイクなどの霊峰が聳えている。そこにはいくつもの水源地があり、ついにはこれらは清流となってアイルランド海へと注いでゆく。山と川と海は一体である。これらが壊されてよいはずがない。グレート・ラングデイルもリトル・ラングデイルも小さな集落地だ。ホッとする。ヒーリングの言葉がそのまま当てはまる。トラストの言う典型的なオープン・カントリィサイドだ。

荘厳なウォースト・ウォーター

二〇〇二年三月二一日、今度は妻同伴でホークスヘッドのバトリック夫人を訪ねた。前年は口蹄疫の中、コニストン湖一周のドライブをエンジョイしたことについてはすでに述べた。今回は、湖水地方でも辺境の地にある湖水地方の南西部に連れて行ってほしいと言う。予想通り彼女は即座に難色を示した。それもそのはずだ。ハードノット・パスを越えてエスクデイルへ出て、そこからウォーストト・ウォーター（Wast Water）へ行ってほしいと頼んだのだから。私自身、一回だけマウンティン・ゴート（Mountain Goat）という一日旅行の小型の観光バスを利用したことがある。その時のバタミア、ハードノット・パスやエスクデイルの牧場や放牧場を折りまぜた自然風景、そしてウォーストト・ウォーターの野性的で荘厳な風景のあの強烈な印象は未だに消えていない。この地域はトラストが第一次世界大戦から第二次世界大戦にかけて、農業危機の中、着実にその資産を増やし続けたところだ。この湖を取り巻くレコンフィールド・コモンズは、今では三万エーカー以上を占める広大で静寂な大地である。もう一度だけでもこの眼におさめておきたかったのだ。彼女は再び言った。これは一日がかりの仕事だ。しかも危険だと。彼女ももう高齢だ。しかし何としてでも、この地域のトラストの偉業を日本人に伝えたい。この機会を逸すれば、いつその機会が訪れるか分からない。彼女も私の気持ちを察してくれたようだ。午前一一時には私たち三名は車に乗り込んだ。OS mapsの№89に従って車は走り出した。私は容赦なく何度も停車してもらい、この地域の大地を踏みしめ、写真にも収めた。なぜトラストはこれほどの広大な大地を次々と所有し、保護することができたのか。昼過ぎには無事エスクデイルに着き、古いというより歴史的なパブで昼食をとり、一休みする。一〇年振りの湖水地方南西部の空気はいかにも新鮮だった。

いよいよ目的地へ向けて私たちの車は走り出した。ついにかつて見上げ、感嘆したあのウォー

ウォースト・ウォーター

スト・ウォーターを再び眼の前にすることができた。湖畔には一人佇む人がいる。私は"Everybody needs a place to think"（すべての人に考える場を！）というBBCの広告を、ロンドンの地下鉄で何度か見たことを思い出していた。しばらくして私たちは西岸を北東へと進み、ワズデイル・ヘッドに着いた。晴天下、西側から霊峰とも言うべきカーク・フェル、グレート・ゲイブル、リングメル、そしてスコーフェル・パイクを仰ぎ見ることができた。そしてそれらの霊峰を、どこでもいい、そこを登りつめて北のほうへ下れば、かつて私が、ある時には私たち夫婦が一緒に歩いたバタミアとクラモックに行き着くはずだ。

翌二〇〇三年には、七月から九月にかけてイギリスに滞在した。その間七月三一日から八月二日まで湖水地方に滞在した。八月一日

クラモック・ウォーター（右に見える湖はバタミア）

好天下、私たち夫婦はケジックからバタミアを経由するバスに乗った。クラモック湖とバタミアの中間地にあるバス停で下車。今回はクラモックの湖畔をできるだけ多く歩こうと心に決めてスタート地点(starting point)を目指す。どこでもそうだが、この地点を見つけるのは難しい。幸いに人に教えられてスタート地点に立つことができた。雨の後のためか歩道は水浸しで、歩行はやや困難だ。歩道を確かめながら数キロメートル行くうちに滝のあるところに辿り着いた。下のほうを振り向くと、湖畔から離れて大きな岩場に登りつめていた。上から眺めるクラモック湖の周辺の眺望に飽くことなく必死に歩き続けていたのだが、この広大な自然風景をなんと形容したらよいのだろうか。右のほうにはバタミアとそこを取り巻く山脈と広大な森林地帯が控えている。これらの自然風景のほとんどがナショナル・トラストの大地だと考えてよい。かつて一周したこともあるバタミアの歩道はよく手入れが行き届き、森林地の下生えは見事だ。

私がこれまで歩いてきた湖水地方の多くのトラストの大地を思い描いてみた。ここごそはまさに心と身体の癒しの場であると同時に、農業部門を代表する生産の場である。

オープン・カントリィサイドこそ人間にとって、いや人間と生きとし生けるものすべてのための必須の場だ。資本制生産様式の出現以降、工業化と都市化は止むところを知らない。工業化と都市化が進む中、いつまで、そしてどこまで農村地帯は崩壊していくのだろうか。産業革命誕生の地イギリスで、ナショナル・トラストが「カントリィサイドの再生」を求めて奮闘中であることは、私の著書『ナショナル・トラストの軌跡――一八九五～一九四五年』（緑風出版、二〇〇三年七月）第二編、序章でも触れている。

さて再び私たち夫婦がバトリック夫人と一緒に訪ねたウォーストト・ウォーターに戻ろう。私はバトリック夫人の力を借りて、ついにウォーストト・ウォーターを再び訪ねることができた。大変貴重な収穫であった。ウォーストト・ウォーターからの帰り道、私たちがアイルランド海を左に見ながらホワイトヘイヴンを通過し、ワーズワースの家のあるコカマスも通り過ぎ、ケジックにやっと着き、ここで一休みしてホークスヘッドに着いた時にはすっかり暗くなっていた。シャワーを浴びた後にディナー。ワインで乾杯し、静かな夜を過ごすことができた。

翌朝、私たち夫婦はホークスヘッドの村とエスウェイト湖の散歩を楽しんだ。エスウェイト湖は穏やかで落着いたたたずまいを保ち、湖面いっぱいに水を湛えた小さな湖で、私の一番好きな湖の一つだ。三人で朝食を取った後、列車の中で食べるようにとサンドイッチも作ってくれた。いつものようにウィンダミア駅まで車で送ってもらい、無事ロンドンに帰りつくことができた。

［付記］

二〇〇七年四月三〇日、バトリック夫人の子息のピーター・バトリック氏から突然彼女の訃報が届いた。心臓麻痺による突然の死だったという。彼女は最後まで自らの人生を享受したと書かれていた。享年八四だ。私たち夫婦は二〇〇六年三月一一日にも彼女に会っている。彼女は日本で奥山保全トラストが創立され、活動を開始したことを大変喜び、彼女が私のナショナル・トラスト研究の一助になっていること、そして私たち夫婦に会うことをいつも楽しみにしていたという。ここに彼女のご冥福をお祈りしたい。

第二章　ウェールズ北部山岳地帯を行く

――ナショナル・トラスト「スノードニア・ウィークエンド」に参加して――

「スノードニア・ウィークエンド」への招待

私は二〇〇三年一〇月一〇日から一二日まで、北ウェールズのスランドゥドノゥ（Llandudno）にあるナショナル・トラストのウェールズ地方事務所から「スノードニア・ウィークエンド」（Snowdonia Weekend）に参加するように招待された。これは国立公園のスノードニアにおいて、トラストが自然環境保護活動を行うに当たって、何を基軸にしながらナショナル・トラスト運動を展開しつつあるのかを、私たちに理解させるための機会を提供してくれるものだった。参加者はほぼ三〇人だったが、日本人は私一人だけだった。フィールド・ワークのための訪問地は五カ所だった。かつて私はスノードン山岳鉄道によってスノードンの山頂に至り、そこからこの地を眺めたことはある。しかしこの地のナショナル・トラスト運動を実感し理解するためには、ここを歩かねばならないことを

ウェールズ北部

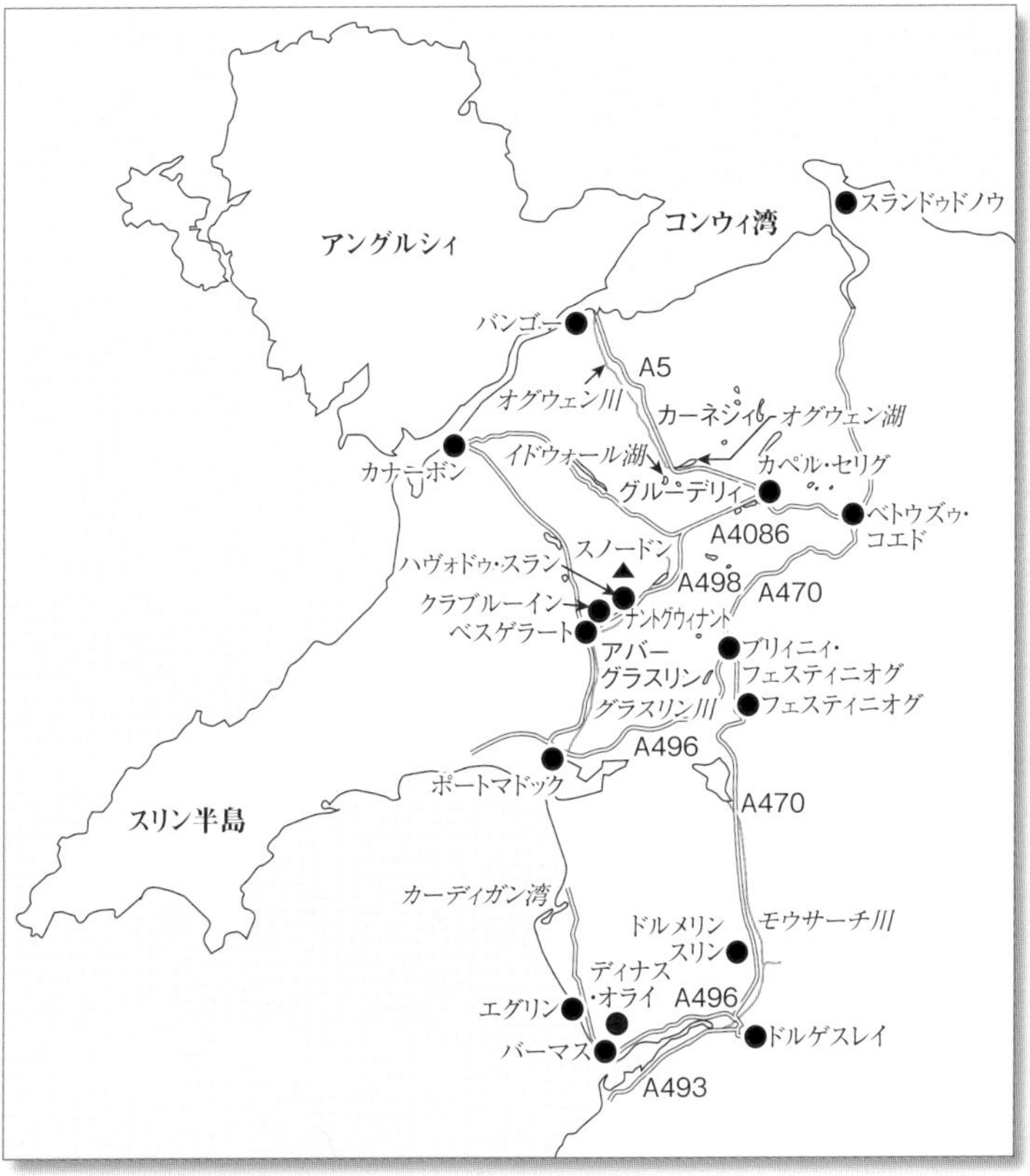
アングルシィ
コンウィ湾
スランドゥドノウ
バンゴー
A5
オグウェン川
カーネジィ
オグウェン湖
カナーボン
イドウォール湖
カペル・セリグ
グルーデリィ
ベトウズゥ・コエド
A4086
スノードン
ハヴォドゥ・スラン
A498
A470
クラブルーイン
ナントグウィナント
ベスゲラート
アバー
グラスリン
ブリィニィ・フェスティニオグ
グラスリン川
フェスティニオグ
A496
ポートマドック
A470
スリン半島
カーディガン湾
モウサーチ川
ドルメリンスリン
ディナス・オライ
A496
エグリン
ドルゲスレイ
バーマス
A493

痛感していた。だが私はこれまで公共交通機関に不案内なままに、ここを訪れてはいなかった。ついにチャンスが来たのである。この年の夏に一カ月間、滞英した私にはハードだったが、私は一〇月七日に再びイギリスへ向かうことにした。

一〇日間の滞在だった。大成功だった。ナショナル・トラスト運動が、今日イギリスにおいていかなる意味と意義を有するものであるかを、私自身これまで以上に理解できたと考えている。

それでは次のことを確認してスノードニアの案内に入ることにしよう。トラストが一九九〇年一〇月からスノードニア国立公園において、トラストの自然保護活動のための資金を募るためのスノードニア・アピールを展開し，現在この地方の一一％である約四二〇〇エーカー（一エーカーは〇・四ヘクタール）の土地を所有するに至った。そして募金額は七五〇万ポンド以上に達した。それにスノードニアの中心部とも言うべきナントグウィナント（Nantgwynant）地方では、同じ一九九〇年からナントグウィナント土地総合管理運営プロジェクト（Nantgwynant Integrated Land Management Project）を展開しつつあり、第一段階は成功し、現在第二段階へ入っている。それでは以下、日程と訪問地の順序に沿って、「スノードニア・ウィークエンド」を紹介することにしよう。きっと訪問を重ねるごとに、トラストの自然保護活動の内実が髣髴としてくるに違いない。

ハヴォドゥ・スランとクラヴルーインへ

一〇月一〇日夕、私たちはベトウズゥ・コエド駅から歩いて一〇分足らずのところにあるウォータールー・ホテルに集合し、午後七時頃には初顔合わせのためのディナーが開かれた。ディナーは和やかな雰囲気のうちに終わり、このホテルを基点にして二泊三日の「スノードニア・ウィークエンド」が行われることが確認された。いよいよ翌朝には事前に知らされていたとおり、ハヴォドゥ・スラン（Hafod y Llan）とクラヴルーイン（Craflwyn）を訪ねることになった。

一一日午前九時、私はウェールズ地方事務所のこのフィールド・ワークの世話人であるジーン・バーロウ夫人の運転する車に同乗することになった。あと二人の男性も同乗することになり、計四名の相乗りだった。ほぼ定刻どおりに私たちの車はホテルの駐車場を左に折れて、ベトウズゥ・コエド駅を右に見ながらカペル・セリグ（Capel Curig）に至り、ここを左折してA4086号線を走る。次いでA498号線に入り、ベスゲラート（Beddgelert）へ向けて南下する。しばらくするとナントグウィナント地方に入ったようだ。右に左に美しい湖や川が、そして森林地帯や牧場、放牧場が眼に入る。この地域は私にとって初めての土地だった。右上方にはスノードンの山頂が樹々の間に見え隠れする。同乗の人たちが色々と教えてくれる。ここはかつて私がスノードン山から眺めた土地だ。下山する時、私は鉄道を使わなかった。スノードン山から得たこの土地への私の強い印象は

ハヴォドゥ・スランの村落風景

間違っていなかったようだ。グウィナント湖を右に見てしばらくすると、ハヴォドゥ・スランの村落地に着いた。ナントグウィナントの大地に初めて足を踏み入れたのだ。グラスリン川（アヴォン・グラスリン、Afon Glaslyn）もA498号線に沿って流れている。車から降りた私たちは、ハヴォドゥ・スランへ向かった。登っていくと村落地を見下ろすことのできるところへ着いた。周囲は森林地帯に囲まれた素晴らしい自然風景だ。遠くから牧羊犬の吠える声も聞こえてくる。ここは一九九八年に購買され、面積は四一一六エーカーの広大な大地だ。今は有機農業を採用し、羊とウェールズ特有の黒牛が飼育されている。近くには国指定の自然保存地もあり、希少種の動植物が保護・育成されている。もう少し登っていくと、遠くにワトキン・パス（Watkin Path）というスノードンの山頂に至る登山道が見えた。途中から私たちに加わってくれた資産管理人と監視員の説明を立ち止まって聞いているうちに、登山者が次々と通り過ぎていく。集落地へ降りていくと、歴史的な、あるいはこの土地に特有な建物が眼に入ってきた。私にはこの土地が、農業活動と自然環境保護、そしてツーリズムとが統一されていることをはっきりと理解できた。事実、訪問を重ねるごとに、トラストが自らの持てる大地を、このような活力のある村落地にするために努力していることをさらに確認することになる。

私たちはハヴォドゥ・スランの村落地を一時間ほど歩いた後に、クラヴルーイン・ホール（Crafwyn Hall）へと向かった。実はここに行き着く前にハヴォドゥ・ポースという集落地がある。ここは一九九三年に遺贈されたところであり、面積は一〇二七エーカーで、やはり相当に広大な大地だ。ここを右に望みながらクラヴルーイン・ホールへ着いたのは午前一一時前だった。クラヴルーインは一九九四年に遺贈され、面積は二三〇エーカーだ。ここはスノードニア国立公園の中心地であり、かつナントグウィナントの要衝の地でもある。

したがってクラヴルーイン・ホールは前述のスノードニア・アピールでも重要な役割を果たしており、またナントグウィナント地方におけるナショナル・トラスト運動の中心地としても利用されている。私たちはここでしばらく小休止して、クラヴルーインの森林地を含め修復中の建物や農場を見て歩くためにこのホールを出た。一九九四年にここが遺贈された時には、水浸しで修復不可能な状態であったという。だが現在では、トラストとトラストの借地農たちやスノードニア国立公園局、そしてその他の政府部門など、トラストのパートナーたちとのパートナーシップによる修復作業のおかげで雇用も増え、地域経済への貢献度も増しつつあることがわかった。ここの自然のおかげで七人の雇用が生まれたという。私たちは自然自体が雇用力を持っていることにもっと注意すべきだ。

ついでに次の言葉も紹介しておこう。「私たちの小さな社会は、そこの文化と風景、そしてそこに生息している動植物の多様性という点では豊かだ。しかしここが裕福であるというわけではない。風景自体は私たちが裕福になるための機会に

クラヴルーイン・ホール内（自然は雇用力を持つ）

制限を加えるけれども、私たちはそのことをハンディキャップとは見ていない。というのはそれこそが私たちのユニークなセールス・ポイントだからだ。私たちの自然環境こそが私たちの最大の財産なのだ」[1]。ここでの修復作業はまだ完成していなかった。だからこれが完成すればコテッジなど宿泊施設も整い、ツーリズムとしての経済価値も生み出されるはずだ。

クラヴルーインからすぐのところにディナス・エムリィズ（Dinas Emrys）という古代の遺跡がある。ウェールズの各地に古代および考古学的遺跡があることは良く知られている。特にナントグウィナント地方の要衝地にこのような歴史的遺跡など文化的風土に優れた土地があり、かつまた多くの神話や伝説、そしてウェールズ語が語り継がれているということは重要な意味を持つ。すなわちこの土地がスノードニア地方で極めて重要な戦略的な価値を持っていることは強調されねばならない。しかもナントグウィナントの大部分がトラストの保護下にある。そのうえにここは永久に保護され続けるのだ。このように考えると、トラストの資産こそが地域社会の再生のためのモデルを提供しうるのだと言うことができよう。

ナントグウィナント地方をグラスリン川が流れていることは先に述べた。この川はスノードン山に源流を発し、ナントグウィナントの谷間を流れながらべスゲラートの村落地をとおり、それからトラストが保護・管理しているアバーグラスリン（Aberglaslyn）渓谷を流れ、ついにはポートマドック（Porthmadog）の海へと注ぎ込む。山あるいは森林地と集落地、そして川と海とが一体化していることを私たちは忘れてはならない。私たちは再びホールに戻りここでランチを取り、しばらく休憩して次の訪問地へと向かった。

カーネシィとグルーデリィの自然と農業

私たちはトラストのカーネシィ（Carneddau）山脈とグルーデリィ（Glyderau）山脈の威容に触れるために、午後一時半にはオグウェン湖（スリン・オグウェン Llyn Ogwen）の西端にある駐車場に着いた。駐車場にはすでに多くの車が駐車しており、登山者や観光客があちこちにたむろしていた。私たちもグルーデリィ山脈を眺望することのできるイドウォール渓谷（カム・イドウォール Cwm Idwal）とイドウォール湖（スリン・イドウォール Llyn Idwal）を目指して岩山を登り始めた。うかつにも私にはここは岩だけだと思えたのだが、実はそうではなかった。豊かな動植物の生息地でもあるのだ。

イドウォール湖に着いた。イドウォール渓谷とイドウォール湖を控えた荘厳というか、または威厳を存分に備えたグルーデリィ山脈が私たちの前に立ちはだかった。この山は北スノードンでの登山家たちのメッカだ。後ろを振り向くと、カーネシィ山脈を右のほうに、広大なオープン・スペースを見下ろすことができる。写真で見るように、ここからはオグウェン川がコンウィ湾へと注いでいる。両山脈を含むこの大地は国際的にも重要な自然風景だ。しかもこの大地の大部分がナショナル・トラストによって所有され、かつ管理・運営されている。それにトラストがウェールズ・カントリィサイド評議会（WCC）やスノードニア国立公園局など政府・行政部門と建設的なパートナーシップを組んで、この地域を守っている。

それからトラストは、この地域で何代もの間ウェールズ語を話し、ウェールズの牧羊業を営んできた家族の人々と、トラストの借地農として契約を交わし、彼らとパートナーシップを組んでいる。

ここは一九五一年、私有地のペンリン・エステート（Penrhyn Estate）の相続税の代わりに政府に納められたものがトラストへ譲渡されたのであって、現在一万七五九〇エーカーを占める。ここには八名のトラストの借地農がいる。このように見てくると、この大地では自然と人間、そしてそれらの織りなす歴史と文化とが渾然一体となっている様子を容易に想像できよう。そこではまた牧羊業を主とする農業活動と登山者、観光客たちによって生み出されるツーリズムが両立しつつ、活力あるコミュニティが維持されている。それにこのような大地こそ、トラストの言うオープン・カントリィサイドだ。無論ここはアクセス自由である。

この「スノードニア・ウィークエンド」に参加するほぼ一二年前の一九九一年八月一二日に私はコンウィ湾とメナイ海峡沿岸の都市、バンゴー（Bangor）の東方一マイルのところにあるトラストのペンリン・カースル（城）を訪ねている。ここからはコンウィ湾へ注ぐオグウェン川も見ることができる。この城を後にバンゴーに帰った私は、桟橋（New Pier）からスノードニアの山々をはるか遠くに眺めていた。この時はグルーデリィ山脈とカーネシィ山脈への行路を考えあぐねていたのである。

さて現在、ナショナル・トラスト運動が政府・行政およびその他の団体とパートナーシップを組みながら展開されつつあることは先にも述べたとおりだ。地域社会が農業活動と自然環境保護とを結合させることによって、活力あるものになることはすでに周知のとおりだが、実際にこの地で牧羊業を営んでいるブリン夫妻の例を紹介しておこう。この夫妻は羊のほかに一四頭のウェールズ特有の黒牛を飼育し、それに登山者と観光客のためのキャンプ場も経営している。というのはツーリ

グルーデリィ山脈を背景にしたイドウォール渓谷とイドウォール湖

カーネシィ山脈の左側に拡がる壮大な風景。ここを流れるオグウェン川はコンウィ湾へと注ぐ

ズムが彼らの大事な副収入となっているからだ。

ところでこれまでウェールズ山岳地帯の羊の頭数は、政府の家畜補助金に促されて増加し、他の野生生物の生息地を食い尽くしつつある。そこでブリン夫妻はこれまでの牧羊業をやめ、新しい牧羊業に従事することにした。すなわち二人は農場を維持しながら、そこの野生生物の多様性を増すために、羊の頭数を減らすことにした。ブリン氏はトラストと契約を結ぶことによって、ウェールズ・カントリィサイド評議会、スノードニア国立公園局、そしてEU政府からも資金を提供されることを条件に、彼らの羊の頭数を五〇〇頭から三五〇頭へ減らすことにした。

一〇月から四月の間に、彼の羊はヒースが完全に再生できるように彼の農場から他の農場へ移される。「これこそが自然環境をより一層保護しながら、山岳農業が将来進むべき道だ」とブリン氏は言う。それからブリン夫妻を含め、互いに離れた農場に住んでいる家族が、相互に助け合いながら、自らの共同社会（コミュニティ）を築き上げていることも忘れてはならない。人間は一人では生きていけない。強いしがらみから解放されていても、相互に挨拶もできないような都会生活にどれほど人間は耐えられるのだろうか。都市化は依然として進行中だ。ブリン氏の次の言葉を胸に留めておきたい。「私の隣人たちは皆素晴らしい人たちばかりだ。彼らのやっていることに余計なことなどない。もし私の羊が難産で苦しんでいたら、私は昼でも夜でも電話をかけるだろう。そうすれば必ず誰かがやってきて私に手を貸してくれるだろう(2)」。

このような人と大地との強いつながりと、人と人との強い絆を持ち続ける共同社会こそ、持続可能な地域社会だ。この地方には毎年五〇〇万人の人々が訪ねている。

最後に、この地を地質学的および地形学など自然科学研究の観点から見ておこう。カーネシィの大部分の五一平方キロメートルが特別科学研究対象地区（SSSI）に指定され、イドウォール渓谷が一九五四年に国立自然保存地（NNR）に指定された。それにイドウォール湖が一九七一年にラムサール条約に指定された。この条約は、特に水鳥の生息地として国際的に重要な湿地を保護する条約で、一九七一年に採択された。これらの自然保存地はいずれもナショナル・トラストの所有地で、自然豊かで生物多様性に富んでいる重要な土地だ。

この日、午後五時頃までには上記のとおりスノードニアにおけるトラストの主要資産三カ所を訪ね、そしてフィールド・ワークを果たして、ベトウズゥ・コエドのホテルへと帰路に着くことができた。ナショナル・トラストの招きによるこの日のツアーは、私にとってとても大きな収穫だった。イギリスの人々は老若そろって、ハードな仕事に強い。ディナーの終わる少し前に席をはずして翌日に備えた。翌日は一九二四年にトラストへ贈与されたドルメリンスリン（Dolmelynllyn）と最近遺贈されたエグリン（Egryn）を訪ねることになっている。

ドルメリンスリンからエグリンへ

午前九時一〇分定刻どおり、今度は私たちの車は、ホテルの駐車場を右へ折れて進むことになった。車はしばらくしてA470号線を南下して、ブリィニィ・フェスティニオグ（Blaenau Ffestiniog）に至り、さらにフェスティニオグを通過して五〇キロメートルほど南下して行き、ついにドルメリ

ドルメリンスリン・ホール・ホテル

ンスリン・ホール・ホテルに着いた。こんな辺鄙なところにホテルが！　私はイギリスの懐の深さに感銘した。着いたのは午前一〇時頃だっただろうか。ここではすでにボランティアの若い女性や監視員、そして資産管理人など数名の地元の人々が待っていてくれた。

私たちはホテルの中には入らず、ホテル所有のバスを借り受けて分乗し、走行する車を減らすことにした。次の訪問地エグリンへ行くためだ。エグリンへ向けてさらに南下し、今度はA496号線を走るために右に折れた。これまで左側を流れていたモウサーチ川（アヴォン・モウサーチ Afon Mawddach）が、今度は他の川と合流して川幅を広げている。周辺の風景はこれまでの山あいにはさまれた風景から広大な景色へと広がっていく。川の向こう側には、トラストの土地や歴史的遺産が点在しているはずだが、残念ながら確認できない。走っているうちにモウサーチ川の川幅はいよいよ広くなる。ついにバーマスの入江にかかる鉄橋を眼にすることができた。右上方には、一八九五年に贈与されたトラストの最初の資産であるディナス・オライ（Dinas Oleu）がある。ここにはドルメリンスリンの存在すら知らなかった随分前に訪ねたことがある。だが車はここには寄らず、バーマスの町から北のほうへ海に沿って約三キロメートル走ってエグリンへ一〇時半頃着いた。

ここは面積が約四二六エーカーであり、二〇〇二年に遺贈されたところだ。その位置を示せば、バーマスの北約三キロメートルのところにあり、カーディガン湾の渚から丘陵地というにふさわしいエグリン山（ムニス・エグリン Mynydd Egryn）の頂上に至るまでのほとんどが農場と言っていい土地である。この土地で人間が何千年にもわたって住み続け、農業を営んできた事実から、エグリンには考古学的に重要な遺跡があちこちにある。すでにバンゴー大学によって遺跡調査が行われていた。それに海岸から内陸を含めて、動植物の大切な生息地がある。

修復中の地主の邸宅（ホリデー・コテッジとして貸し出される）

エグリンで最も重要な建物は地主の邸宅で、この建物は中世後期以来現在まで増改築を重ねてきたものだ。現在修復中の建物の中に入ることを許された。建築物に興味のある人たちは、ハシゴを使って天井裏まで調べる人たちさえいた。私自身はと言えば、エグリンの山頂まで登りたいと言ってみたのだが断られた。実際のところ時間がなく、それは不可能だった。だが山頂に立てば、カーディガン湾を一望しながら、トラストが創立以来今日まで、ウェールズで次々と大地を獲得し続けてきた様子を思い描くことができたのだが。それはとにかくエグリンでは、この建物の修復が二〇〇五年春には終了し、ホリデー・コテッジとして貸し出されるということであった。そうなればここも農業と自然保護とアグリカルチュラル・ツーリズム、そしてヒーリング（癒し）とが一体化し、活力ある共同社会を作るはずだ。できればもう一度ここを訪ねよう。エグリンの山頂に立ち、トラストが創立以来今日まで、その運動をウェールズでどのように展開してきたのかに思いを巡らしてみたい。そしてトラストがエグリンで実際に活力あるコミュニティを築きあげつつあるさまをこの眼に納めておきたい。

幸いに二〇〇七年九月一九日から二一日まで、二〇〇七年におけるベネファクター（賛助会員）とパトロンのためのイベント（the Benefactor and Patron Events Programme for 2007）の一環として、「スリン半島（Lleyn Peninsula）」を挙行することになっている。スリン半島は北ウェールズの西側にある。私自身、ナショナル・トラストのベネファクターとしてこのイベントに参加するように招待されている。このイベントでは、特に地元の漁業の再生の姿をフィールド・ワークの一環として示してくれるはずだ。私は喜んでこの招きに応じることにした。それと共にこの好機を掴んで、今度はエグリンでも再びフィールド・ワークを果たしたいと考えている。

さてエグリンを後にして再びバーマスを通り過ぎ、ドルメリンスリン・ホール・ホテルに帰り着いたのは一二時半頃だった。私たちはホテルに入り、思い思いにテーブルの席に着いた。しばらくするとウェイトレスがわざわざ私のところに挨拶に来てくれた。実はこのホテルの玄関に訪問者用のメモ帳が置いてあった。私は迷うことなく、スノードンを訪ねることができたことに大変満足していることを記していた。それに私にとってこの地を訪ねることが、いかに困難だったかの趣旨のことも書き添えていた。そのことを知って喜んでくれたのだ。

しばらくするとランチが出た。とても美味だった。そう言えばウォータールー・ホテルのディナーも美味だった。両者とも鳥肉料理をメインに、地元の新鮮な食材をふんだんに使った郷土料理だった。私たちはデザートを楽しんだ後、ドルメリンスリン・エステートの森林地を歩くことにした。ここは一三五〇エーカーを占める村落地を形成している。現在では二つの農場、森林地にある四つの牧羊場、二つのホテル、一つのビレッジ・ホール、そして一五のコテッジがある。森林地は成熟した樫の木をはじめ、カバノキ、セイヨウトネリコなどを含んだ豊かな雑木林だ。下生えにはサンザシ、ナナカマドなどの低木類やシダ類、コケ類などが見られ、無脊椎動物も生息している。私たちは甲虫も見つけた。また地元の石で作られた生垣のところでは、ここに各種の動植物が生息しているとの説明も受けた。ここには金鉱の跡地もあり、他に考古学上重要な遺跡もある。

農業活動についてみると、ここの二つの農場は自然保護のための農業を行う契約書をトラストと交わしている。例えば牧草地保護のために家畜の飼養数を制限し、化学薬品の使用を制限している。その過程で農業と自然保護とを両立させつつ活力あるコミュニティを実現することに努力している。この場合、政府からの補助金も得られる。

森林地については、トラストは五年に一回森林地管理の見直しを行い、また現地で使用する木材はできるだけ自らの材木を利用するなど、地元経済に資すべく努力しているところだ。

このように見てくると、トラストは農場や森林地、そしてコテッジ等を所有し、管理・運営することによって、そこの地域社会を活性化することに貴重な貢献をしていることが分かる。それにトラストはその地域にできるだけ多くアクセスする機会を設けて、学童の野外教育に役立つように努力中でもある。「スノードニア・ウィークエンド」の最後の訪問地であるドルメリンスリン・エステートの森林地を歩いてホテルに帰り着いたのは予定の時刻を過ぎていた。ハードなスケジュールだったが、「スノードニア・ウィークエンド」に参加できたことによって、ナショナル・トラスト運動がいかなるものであり、かつ現在いかなる方向へ進みつつあるのかを現場で実感することができた。

ナショナル・トラスト運動の拡がり

二泊三日にわたった「スノードニア・ウィークエンド」の行程を再び振り返ってみよう。ハヴォドゥ・スランとクラヴルーインに代表されるナントグウィナント地域でも、カーネシィとグルーデリィ地域でも、またドルメリンスリンからバーマスを経てエグリンに至るまでの地域を見ても、それぞれ重要な河川がその地域の中を流れて海に注いでいるのが分かる。山と川と海とが一体になって、それぞれの地域が成り立っているのだ。いずれにせよ、一つでも欠けたり、あるいは壊されればその地域も壊れる。その地域の存在価値が失われていくことは、私たちがこれまで実際に体験しているとおりである。トラストは北ウェールズで、ナントグウィナント総合土地管理プロジェクトを成功させ、現在第二段階に入っている。スノードニア・アピールでもその運動を進捗させつつあることは先に述べたとおりだ。

ウェールズ全体では、『トラストの自然環境の経済効果査定――ウェールズの自然環境の経済効果』（*Valuing Our Environment – The Economic Impact of the Environment of Wales*, July 2001）が刊行されている。これはウェールズ・カントリィサイド評議会（Countryside Council for Wales）、ウェールズ環境局（Environment Agency Wales）、ウェールズ遺産宝くじ基金（Heritage Lottery Fund Wales）、ナショナル・トラスト・ウェールズ支部（The National Trust Wales）、ウェールズ議会（Welsh Assembly Government）によって共同企画され、刊行されたものである。これこそはウェールズのナショナル・トラスト運動による経済効果を数量化しつつ、自然環境保護活動がウェールズの繁栄に基本的に資するということを明白にしたものである。トラストによるこの種の研究は、イギリス西南部地方でも果たされ、その他の地方でもいくつかが果たされている。(3) 近い将来、ナショナル・トラスト運動による経済効果が全国的に明らかにされるだろう。なおこれらのトラストによる研究が邦訳されることを期待したい。

それから私自身、必要があって最近のスコットランド・ナショナル・トラストの実績を調査してみた。すでに述べたように、スコットランド・ナショナル・トラストは一九三一年にナショナル・トラストから独立しているが、その成果はナショナル・トラストのそれに劣るところはない。もちろんその運動理念も、ナショナル・トラストのそれと同じである。それにスコットランド・ナショナル・トラストがナショナル・トラストと友好関係にあることはもちろん、定期的会合だけでなく、必要に応じて頻繁に会合を持っていることは二〇〇四年九月、エジンバラにある本部で会った企画部門担当責任者ジョン・メイヒュー氏の言葉だった。(4) もはやナショナル・トラスト運動はイギリス全土で展開されているばかりでなく、トラストがＥＵ諸国へ、そしてわが国を含め全世界へ発信しつつあることは、すでに述べたとおりだ。
今や私たちはそれぞれの国で、ナショナル・トラスト運動の持つ意味と意義を正しく把握しつつ、自らの自然環境保護運動を展開し、確立していかなければならない。地球の危機が叫ばれている今こそ、私たちの地球を救うために国際的な協力体制を整えなければならない時はないと考える。今ナショナル・トラストが世界へ発信し続けているのだから。(5)

［注］
●第一章
（1）筆者稿「第一〇章　湖水地方の番犬―ナショナル・トラストとローンズリィ―」浜林・神武編『社会的異端者の系譜―イギリス史上の人々』（三省堂、一九八九年）。
（2）同上書、二五一頁。
（3）マイク・ヘミング氏との行程記については、『紀伊民報』に掲載された私の手記「ナショナル・トラストを訪ねて」（一九九二年五月九日、一六日、二三日）に大部分を依拠した。
（4）筆者稿「口蹄疫（foot and mouth disease）のなか、ナショナル・トラストをゆく」日本環境学会『人間と環境』第二七巻第三号、二〇〇一年。
（5）以上、*Thirty-Eighth Annual Report* (the National Trust, 1932-33) p.4.
（6）Elizabeth M. Battrick, '9 Beatrix Potter's Lake District', Judy Taylor, Joyce Irene Whalley, Anne Stevenson Hobbs, Elizabeth Battrick, *Beatrix Potter 1866-1943:The Artist and her World* (Warne, The National Trust, 1987) p.197.
（7）*Ibid.*, pp.197-198.

●第二章

（1）*Looking to the future 2004~2007* (The National Trust, 2004) p.27.

（2）以上、'The Carneddau and Glyderau'(The National Trust, 1999) p.34.

（3）各地域のナショナル・トラスト運動による経済効果を数量化しつつ、トラストの自然環境保護活動がその地域の繁栄に基本的な役割を演じつつあることを示したものとして、ウェールズのほかに、西南部地域、北東部地域、カンブリア、北アイルランドがあるが、それらはそれぞれ *Valuing Our Environment*（一九九八、二〇〇〇、二〇〇一、二〇〇四年）として刊行されている。

（4）スコットランド・ナショナル・トラストについては、筆者稿「ナショナル・トラスト・フォー・スコットランド」木村・中尾編『スコットランド文化事典』（原書房、二〇〇六年）四九五～四九六頁を参照されたい。

（5）本章の記述は大部分、筆者稿「第九章　ナショナル・トラストと自然保護活動―持続可能な地域社会を求めて―」佐藤・中島・安川編『西洋史の新地平―エスニシティ・自然・社会運動―』（刀水書房、二〇〇五年）に依った。

III
田園地帯を歩く

ナショナル・トラストの農業

私が一九九一年七月一六日、留学先のレディング大学で、当時のナショナル・トラストの理事長アンガス・スターリング氏へ宛てた手紙の中で、カントリィ・ハウスの重要性を認めつつも、大地=自然の持つ重要性と農業保護の必要性とをとりわけ強調したのには理由があった。一九八五年以来、私は渡英のたびに時間と体力が許す限りオープン・カントリィサイドを歩き続けた。次第に大地と農業の持つ重要性に気付き始めていた。

それから当時イギリス人の間に、トラストのカントリィ・ハウスが高い人気を得ていたこともあって、トラストとカントリィ・ハウスとが直線的に考えられる傾向があるように思えたからである。事実、一九九一年一〇月四日、帰国の途次一時滞在したモスクワで、私はイギリス人男性に会った。彼はトラストの会員ではなかった。「なぜ？」と私は彼に聞いてみた。「自分はカントリィ・ハウスには興味がないから」という返事が返ってきた。

あれから一〇年の歳月を経た二〇〇一年には、イギリスで口蹄疫が発生した。この時の口蹄疫の感染は、イギリス北東部のニューカースル・アポン・タインの西方にあるヘッドン・オン・ザ・ウォールという村から始まった。そこからイギリス南部のエセックスへ、そしてカンブリア、スコットランド、北アイルランド、そして南西部のデヴォンシァへと急速にイギリス中に広がっていった。それに注意すべきは、発生源とされるこの村の豚が、学童の給食の残飯を常時与えられていたということ、それにニューカースルのレストランやカレッジからも与えられていたということだ。

二〇〇〇年三月二五日、わが国の農林水産省畜産局の説明によれば、口蹄疫は人に感染することはないとされ、かりに感染牛の乳肉を食べても人体に影響はないという。かりにそうだとしても口蹄疫の原因が学童の給食の食べ残しとの強い疑いがもたれていること自体を、私たちは重く受け止めるべきだ。現に二〇〇一年四月二五日付の『毎日新聞』でも、「人間も……口蹄疫感染?」の見出しの報道があった。この時のイギリスの口蹄疫の拡大は、単に農業問題だけでなく、イギリスの最大の産業部門の一つであるツーリズムにも甚大な影響を与えたことは未だ記憶に新しい[1]。このような時、イギリスのマスコミが連日、口蹄疫について大々的に報道していたことも、私たちは他人事として捉えるのではなく、わが国にとっても重大事件として国民に広く知らせる必要があったと考えている。

口蹄疫が発生し、進行しつつあった二〇〇一年のトラストの年次報告書では、議長のチャールズ・ナネリィ氏が「トラストはこの一年間、ずっとトラストの借地農と一緒に働いてきた。……カントリィサイドを将来、いかに守り育てていくかが、私たちの第一の課題である」と言っている。口蹄疫という試練の年を耐えて迎えた次年度の報告書では、トラストの会員数および収入がともに著しく増加し、新しいプロジェクトも次々と打ち出せた素晴らしい年度であったと報告している。口蹄疫はこの国民を目覚めさせ、そして地方で何が起こり、そして何を起こすべきかについてこの国で意見を戦わせる絶好のチャンスだった。さらに重要なことは、これを機会に農業部門がツーリズム、そしてもっと広い経済部門といかに深く相互に関連しあっているかが明らかにされたことだ。

トラストは土地所有者として、そして農村のビジネスに関わるものとして、地域社会（rural communities）およびもっと広範な人々が直面している多くの課題に対して、新たな解決を見い出すための指導的立場に立っている。そしてこの場合、トラストが明らかに有利な立場にある証拠は、他の人々がただ単に言葉で理論化しうる命題を、実際の場で実行しうるということだ[2]。

それではトラストは一体いつ頃から、いわゆる持続可能な農業に着手したのか。トラストは「二〇年前には農場を効率的に運営し、そして地代を間違いなく支払ってくれる借地農を求めたものだ[3]」と言っている。

トラストが持続可能な農業を開始したのはそれほど古い話ではない。コッツウォルズのトラストのシャーボン村の農場で、実験農場が始められたのは一九九三年だ。決して古い話ではない。トラストの歴史はすでに一二五年を超えている。首尾一貫した運動理念の下に重い年輪を重ねながら到達したのが持続可能な農業（sustainable agriculture）であり、持続可能なオープン・カントリィサイド（sustainable open countryside）なのだ。そのことを知った上で、私たちはコッツウォルズを訪ねることにしよう。

第一章
コッツウォルズのシャーボン村を訪ねて

イギリス西部地方に風光明媚で有名なコッツウォルズ（Cotswolds）があり、ここの中心部に歴史上極めて古いサイレンシスター（Cirencester）という町がある。コッツウォルズであれ、サイレンシスターであれ、わが国のガイドブックには必ず紹介されているはずだから、ここで詳しく紹介する必要はないだろう。ただ先に紹介した湖水地方とコッツウォルズとの相違について少し述べておこう。

湖水地方が湖と山々に囲まれた自然風景で国際的にも有名な癒しの場であることは、今や説明するまでもない。これに引き換えてコッツウォルズが蜂蜜色の石垣で囲まれた牧草地や放牧場、あるいは耕作地がどこまでも続く、いわばパッチワークを思わせる田園風景を醸し出していることは、わが国でも知られているはずだ。ここはロンドンからそれほど遠くはない。湖水地方とコッツウォルズの自然美の優劣を比較することは不可能である。そのことを知るためにも、是非これら二つの地域を訪ねてみてほしい。そして両地域とも農業活動とツーリズムが一体化していること、そしてそ

コッツウォルズ

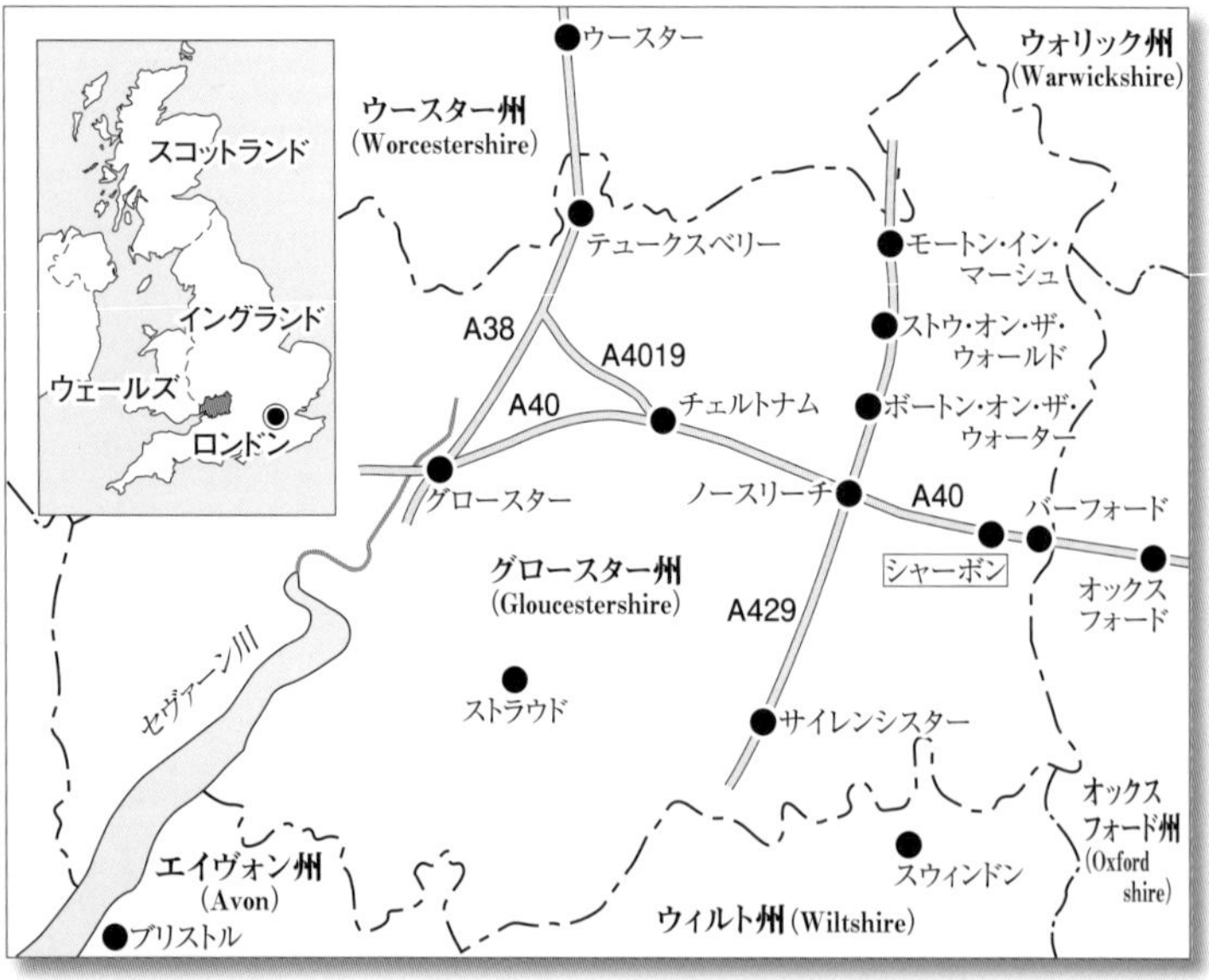

れらがあいまって癒しの場となっていることにも気付いてほしい。

さてサイレンシスターについて言えば、ここにはトラストの農場、海岸地帯など主要五部門を管轄する本部の一つがあった。現在は写真にあるように、二〇〇五年にウィルトシァのスウィンドンに本部の建物が完成し、すべての本部の機能がここに移転している。したがって私自身、二〇〇四年まではサイレンシスターをたびたび訪れている。それにコッツウォルズにある他の事務所も訪ねている。その一つにシャーボン村の農場を管轄するシャーボン・エステート・オフィスがある。シャーボン村を、そしてシャーボン農場を訪ねる時には必ずこの事務所を訪ね、シャーボン村の最新情報を得ている。それからコッツウォルズ地域を管轄するセヴァーン地域事務所の土地管理人（Land Agent）のN・B・C・バレット氏には、テュークスベリィにある事務所でインタビューに応じてもらったり、シャーボン・エステート・オフィスで教えを受けたりもしてきた。

ところで私がシャーボン村とシャーボン農場へ焦点を当てて、フィールド・ワークを繰り返すに至った事情について簡単に触れておこう。

ナショナル・トラスト本部

シャーボン農場を訪れるまで、私はロンドン近郊の現在の東南部地域事務所によって紹介されたトラストの借地農のニック・ブレン氏を数回訪ねていた。ちょうどその頃、トラストがコッツウォルズで実験農場を始めたらしいことを知った。

このような時、当時私の勤務する埼玉大学へナショナル・トラストからのメールが届いた。一九九四年一一月二三日付のサイレンシスターの事務所からだった。この手紙こそ、トラストの農業部門担当責任者（Head of Agricultural Advisers）のジョン・ヤング氏からのものだった。この手紙には彼が、トラストの農業部門アドバイザー（Rural Affairs Adviser）として、私の研究を喜んで援助する用意があると書かれていた。

私は翌年一九九五年六月六日、ロンドンへ向かった。二カ月あまりの滞在期間の準備を整えて、オランダで開催される第七回

シャーボン事務所にて故アンドリュー・メイレイド氏と

ナショナル・トラスト国際会議(the 7th International Conference of National Trusts)に出席し、六月一八日にはロンドンへ帰着。サイレンシスターのトラストの事務所を訪ねるまでにはまだ一カ月半はあったので、その間トラストのオープン・カントリィサイドと海岸線をできる限り多く歩くことに努めた。

八月三日、午前一〇時三〇分、サイレンシスターの事務所のレセプションへ。ヤング氏は、思ったとおり気さくな人だ。差し出されたものは、理事長のアンガス・スターリング氏から私へのプレゼントだった。びっくりし、とても嬉しかったことを思い出す。一時間半の会見は瞬く間に過ぎた。その間イギリスの農業事情とトラストとの関係など重要事項について説明があった。すでに記したように、一九九三年にはトラストの最初の実験農場がシャーボン農場で開始されていた。私はシャーボン村とシャーボン農場を私の主たるフィールド・ワークの一つにすることを心に決めていた。そしてそのことをヤング氏に伝え、今後とも私のトラスト研究のために便宜を図ってくれるように要請した。事実、これ以後の私のトラストに関する研究については、氏の指導とアドバイスがなかったならば、私の現在のトラスト研究自体、考えられないと言っていい。

ところでシャーボン農場の借地農のロバート・ジョーンズ氏に会うのは、もう少し後の一九九九年三月になってからである。それまでは、ほぼ四〇〇〇エーカーを占めるこの村を歩き、そしてシャーボン農場を確かめ、この村とシャーボン農場を統合的に捉えておくことが肝要であると考えた。

R・ジョーンズ氏に会うまで、私は渡英のたびにシャーボン村を訪ねた。

一九九九年二月一八日にセヴァーン地域事務所の土地管理人のN・B・C・バレット氏から私の大学へFAXが届いた。それによればR・ジョーンズ氏はとても忙しいので、セヴァーン地域事務所のほうで彼に会える手はずを整えてあげるとのことだった。三月一五日午前一〇時にジョーンズ家を訪問。八〇〇エーカーのシャーボン農場を案内してくれた。多忙の身ながら、四時間も費やしてくれたことに感謝しなければならない。その間、トラストとの契約履行について、個人的に大変面白いことも話してくれた。それはとにかくトラストの最初の実験農場であるシャーボン農場について話すことにしよう。

ナショナル・トラストの最初の実験農場

今、世界経済において、市場経済を金科玉条にグローバリズムと自由主義経済が進行中だ。まして日本では、今や農産物の全面自由化へと進みつつある。このような状況下で日本の農業を再生させ、そして地域経済を活性化させることは至難のわざというほかはない。ましてや農業の衰退を阻止するための大規模農業、すなわち近代農法が自然環境を破壊するものであることは、もはや自明のとおりだ。このようなわが国の置かれた状況をしっかりと見据えた上で、イギリスにおいて、ナショナル・トラストが政府・行政から完全に独立しつつ、農業部門を再生させ、かつ地域社会を活性化させつつある現実の姿を見ていくことにしよう。

シャーボン村は、ほとんどすべての地域がトラストの所有地であり、ここには七つの農場がある。私は一九九九年三月一五日、シャーボン農場の借地農のロバート・ジョーンズ氏の家を訪ね、彼の農場を見て歩いた。その間私たちは彼の実験農場への将来の展望などについて語り合った。そしてあとで述べるように、彼がナショナル・トラストについて何を考え、また彼がトラストといかなる関係にあるかも知ることができた。彼がトラストの借地農への応募者二〇〇人の中から選ばれた人物であっただけに、極めて優秀で、かつ若く行動力に富んでいる人物であったことはすぐに見て取ることができた。

言うまでもないが私が彼と会った理由は、彼の農場がイギリス政府の農業環境政策の一つであるカントリィサイド・スチュワードシップ事業(1)(Countryside Stewordship Scheme)を採用しつつ、トラストの最初の実験農場を試みつつあるということだった。これはこれまでの集約農業を止めて、再び元の粗放農業へ戻そうという試みである。これが実際にどのように行われ、また将来に対していかなる展望を我々に示してくれるのだろうか。

シャーボン農場の農業

それではシャーボン農場での農業環境保護活動は、実際にどのようにして行われているのだろうか。この活動には、トラストの借地農、R・ジョーンズ氏が直接関わっているばかりでなく、トラスト自体も土地所有者としてこの活動に直接、間接にかかわりを持っている。それにイギリス政府も、十分とは言えないまでも農業環境政策の推進者としてシャーボン農場を後押ししている。このように見てくると、私たちはただシャーボン農場だけでなく、R・ジョーンズ氏、トラスト、そして政府との関係をも考えに入れなければならないことに気付く。

まずシャーボン農場から始めよう。シャーボン村のトラストの所有地は約四〇〇〇エーカーで、この村の大部分を占める。そしてシャーボン農場はそのうちの約八〇〇エーカーである。一九九三年、R・ジョーンズ氏が借地農として採用されたのを機に、トラストは予め計画していたシャーボン農場での農業環境保護計画（Farm and Environmental Plan）(2)を彼とともに実施することを契約した。この計画の骨子は、この農場で自然環境保護を実践するとともに、採算の取れる農業を実現しようというものである。だからこの農場において、化学肥料や農薬の使用を制限し、そこから排出される廃物の正しい処置を行うべきことなどの細則が設けられている。それとともに一定面積の耕作地が牧草地に変更され、この農場の東側を流れるウィンドラッシュ川に沿っている約一三四エーカーの土地が、政府のカントリィサイド・スチュワードシップ事業の対象地に指定された。この事業は、ここをこれまでの集約的な耕作地から牧草地へ返し、それとともに元の水辺の生態系とその風景を取り戻すことであった。

もう少しこのプランに従いつつ、この農場の実情について描いてみたいのだが、この際この農場をトラストのオープン・カントリィサイドとも言うべきシャーボン村を視野の中に入れつつ描くことにする。というのはトラストは個別の農場を単独に捉えるのではなく、ここをオープン・カントリィサイドの一角をなすものとして、統合的に捉えねばならないと考えているからである。だからトラストは、シャーボン村の七つの農場を対象とした総合的農業基本計画（the Whole Farm Plan）(3)と、シャーボン農場を対象とした個別の農場のプランとを対置させながら農業環境事業を行っている。

私が一九九九年三月一五日にシャーボン村を訪ねた時のシャーボン農場はいかなる状況にあったか。私自身、これまで何度かこの農場を歩いているし、またトラスト以外の農場も何度となく眼にしている。だからシャーボン農場がシャーボン村の質を維持し、向上させていることは一目で分かった。この農場の位置するコッツウォルズ東部地域とテムズ川支流の西部流域が一体となって質的に向上し、かつその自然環境とそれの醸し出す風景と歴史的特徴と、その遺跡を含めた観光資源が、ほぼ確実に一体化しつつある様子を窺い知ることができるのだ。それはやがて地域経済を活性化し、かつ将来性のある地域共同体を作り上げるに違いない。

あのコッツウォルズ地方を象徴する耕作地と牧草地のパッチワークの景観を想像してみてほしい。ウィンドラッシュ川沿いの牧草地はウォーター・メドウズと言われ、冬には水がひたひたになり、豊饒な地になるという。私がR・ジョーンズ氏とこの地に立った時は、少し時期が遅れていたために、明渠の水位はいくらか引いていたものの、牧草地は十分に水を含んでいた。ある牧草地はやが

シャーボン農場

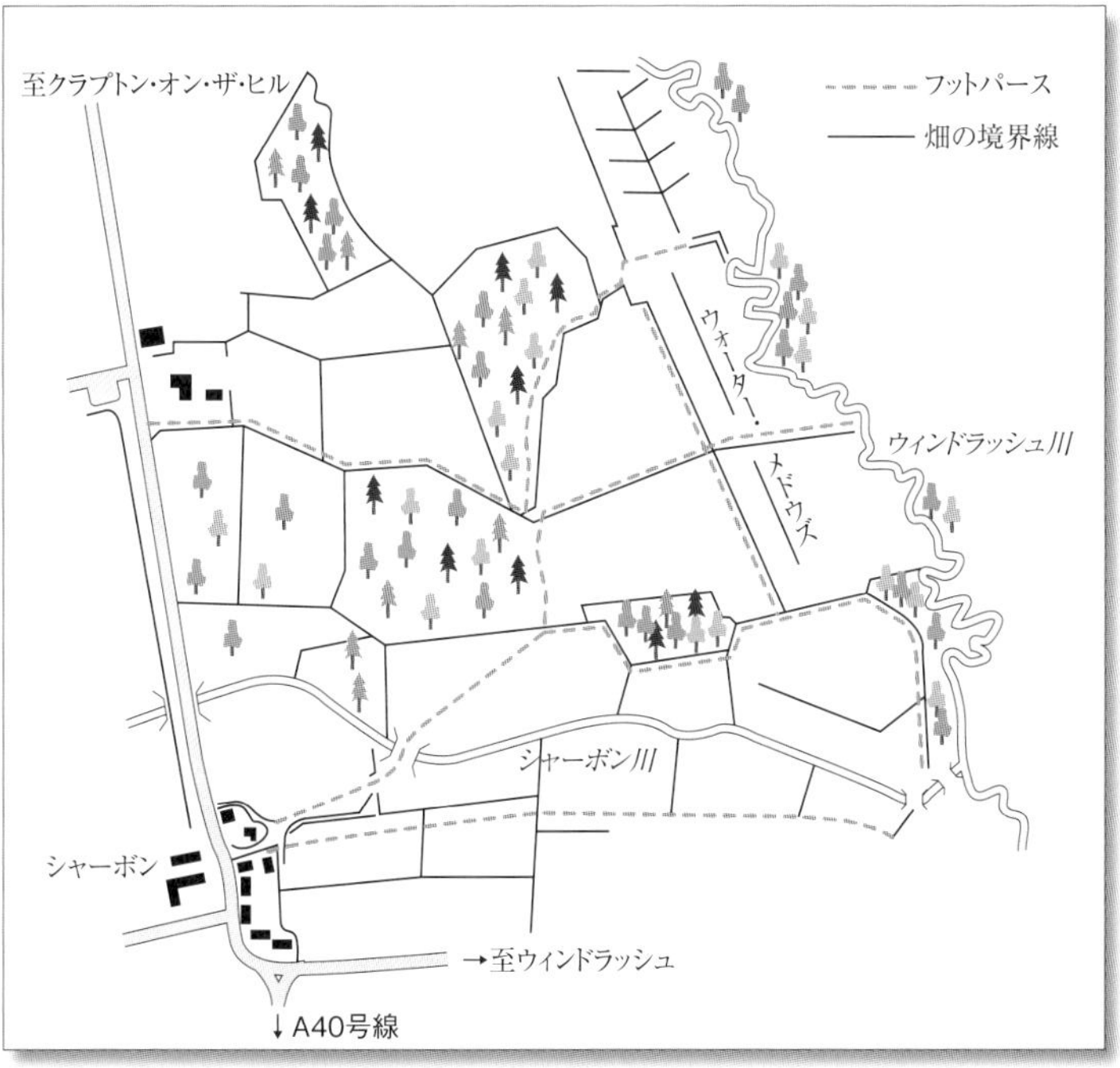

ナショナル・トラストのパンフレットより転載。このような案内図はシャーボン・エステートに行けば得られる。

て花の咲くフラワー・メドウズ（flower meadows）になり、他の牧草地はやがて草の生えるグラス・メドウズ（grass meadows）になる。ここでジョーンズ氏は腰をかがめて、芽を出したばかりのクローバーを私に示してくれた。

別の耕作地では、一九九九年に一〇％に引き上げられたセット・アサイド（休耕地）を見せてくれた。[4] ここは食料のための農耕地としては使用できないだけで、わが国のように荒地として放置されているわけではない。動植物の生息地（habitats）として保全されなければならないのだ。

それからウォーター・メドウズに沿って流れるウィンドラッシュ川では、現在国立河川局（the National River Authority）[5]からの援助も受けながら、水質の浄化と両岸の管理に注意が注がれている。このように見てくると、シャーボン農場でのプランは、トラストとその借地農、そして政府部門のカントリィサイド・スチュワードシップ事業と、国立河川局の共同事業であることが分かる。この共同事業こそは、これまでの集約農法を伝統的な農業へ変えると同時に、元の自然景観を取り戻し、かつ維持向上させようという事業である。幸いにこのプランは施行後三年の間に、ウィンドラッシュ川ではカワウソを発見するなど、所期の目標を着実に達成しつつある。

実験農場＝シャーボン農場の成功へ向けて

シャーボン農場での実例は、民間部門と公共部門とが連携しあいながら、歴史的名勝地や自然的景勝地を含めた農業部門を守ることに成功しつつある好個の例である。しかしこれが完成した完璧なものでないことはもちろんだ。一九九八年度でシャーボン農場のプランは五年間を経過した。つまりこの計画は首尾よく初期の段階を通過できたわけである。R・ジョーンズ氏によると、このプランの次の段階へ向けたトラストとの詳細な話し合いはまだ決着は着いていないとのことだった。しかし彼はこのことについて極めて楽観的だった。これまでもこのプランを実行する過程で、いくつかの規定が相互の納得の上で改められてきた。今度もじっくりと相談する中で必ず問題の解決は得られるのだとの自信を見せてくれた。ウェールズからトラストの借地農になるためにコッツウォルズへ移ってきたのも、奥さんとの相談の結果だそうだ。

一九九九年三月一七日には、同じコッツウォルズのテュークスベリィにあるトラストのセヴァーン地域事務所の土地管理人のN・B・C・バレット氏を訪ねた。紙面の都合上多くを語れないが、第二段階への決着については、バレット氏も極めて楽観的だった。話し合いには相当の時間を要するものだ。しかし対等で、かつ相互に責任を負うという立場で長い時間話し合われて得られた決定ならば、その後の契約履行のための実行はスムーズにいくはずだ。私はバレット氏へ農業環境政策と関連させながら、政府・行政、トラスト、そしてその借地農との関係について尋ねてみた。わが国ならば、このような関係では、必ずあらわれる行政指導という言葉を表現する 'leadership or instruction' という言葉を使ってみた。ところがこの言葉は即座に否定された。しばらく考えて彼が私へ言った言葉は「パートナーシップ」だった。

それから一九九七年、既述のトラストの農業部門担当責任者のジョン・ヤング氏によって紹介されて会った農業水産食料省・環境局長（Ministry of Agriculture, Fisheries and Food, MAFF, Head of Environmental Group）のダドリィ・コーツ氏が、行政指導の意味内容を理解できないと私に答えたことが、まだ記憶にはっきりと残っている。また彼が私に向かって、行政が国民を指導したり、導いたりできるはずがないということも言った。それから話は変わるが、バレット氏がトラストの農業活動と関連して、「きれいな水、きれいな川」（pure water, pure river）と幾度も強調したのを、私は忘れることができない。渡英を前に私は故郷の鹿児島県の志布志湾に帰り、この地方を一望できる丘陵の頂上に立ったことがある。トラストのオープン・カントリィサイドと比較するためだった。故郷を流れる主要河川、四本の源流から志布志湾のほうを眺め、複雑な思いに駆られた。

一九九九年三月二四日には、一九九八年末にトラストの農業部門担当責任者をリタイアしたジョン・ヤング氏の後を引き継いだロブ・マクリン氏に会うために、サイレンシスターのトラストの事務所を訪ねた。

マクリン氏は若くて、快活な人物だった。ここでも私は多くのことを学んだ。たとえば近代農法によって羊が死ぬこともあると話してくれたが、私もイギリスの各地で羊の死体を何度か見かけたことがある。彼が言いたいことは、近代農法がその場所だけでなく、下流へも甚大な悪影響を及ぼすということだった。まさにバレット氏の言った'pure water','pure river'の言葉の重さを思い知ったのだった。

トラストの実験農場は必ず成功するに違いない。事実、マクリン氏は私に、採算の取れる農業活動と自然環境保護とは両立しうるとはっきりと言った。彼のトラストへの自信に力づけられるのだが、彼は次のことも言った。イギリスには、トラスト以外にも数々の自然保護のための土地所有団体がある。だからイギリスでこれらの会員数を合わせると、その影響力は極めて大きいと。この事実だけでも我々には大きな励みとなる。なぜならば会員、支持者、ボランティア、そして国民一人一人こそが、我々の真の力となりうるのだから。だがもう一度、トラストとその借地農のR・ジョーンズ氏との関係に戻ろう。

甦る田園地帯

R・ジョーンズ氏の農業活動の詳細については、トラストとR・ジョーンズ氏との借地契約書"Farm and Environmental Plan"に譲るしかない。ただ彼の農業活動が三名の農業労働者の雇用を得つつ、政府のカントリィサイド・スチュワードシップ事業からの補助金と国立河川局(NRA)からの援助があること、そして彼の農業活動が自然保護と両立しうるための活動であることから当然生じる生産力の減少を補うために、トラストからの地代の減額があることを考慮に入れておく必要がある。このことからイギリスでも、農業部門がもはや自立してやっていけないことがわかるのだが、このような状況下において彼の努力はいかに報いられているのだろうか。

幸いに彼の牧草地から得られた有機ミルク(organic milk)の価格が上昇したために、彼の農業経営は全体として採算の取れるものとなった。彼には近い将来、B&Bを経営する計画もある。その他にもトラストには採算のとれる農業を営む借地農がいる。たとえば彼らは政府からの各種の農業環境政策のための補助金に加えて、トラストの援助を受けながらB&Bを経営し、生計を維持するのに成功している。それ故にトラストは、シャーボン農場での成功に力づけられ、採算のとれる農業と自然保護活動とは両立しうることを自信を持って表明できるのである(6)。

人間社会が続く限り、工業化と都市化は進む。特に輸出工業と外国貿易を機軸とする一国経済においては、農業部門が衰退せざるを得ないことはすでに明らかにしたとおりだ。まして現代資本主義経済の下、農業衰退が自動的に回復するとも思われない。近代農業は言うに及ばず、農業部門の衰退が自然破壊を伴うことは、我々が日常見聞するとおりである。

幸いに、トラストが自然環境を守る中で農業部門をも保護しうることを、事実をもって我々に示してくれた。しかしトラストだけでこの絶対に必要な仕事を成就できるわけではないことを我々は知るべきだ。このことを私たちは上述の簡単な説明からも十分に理解できたはずだ。現在、国際化の進展に伴い農産物取引の自由化も避けられそうにない。このような状況の中で、イギリス政府は他のEU諸国とともに、不十分ながらも各種の農業環境政策を講じつつ農業保護を続けている。このように考える時、トラストといえども、単独には自然保護と農業活動とを両立させることが至難であることは明らかだ。このことに関連したトラストからの私への手紙を紹介しておこう。

「補助金を提供する政府の農業環境政策は、トラストにとって極めて有益です。もしそれがなければ、トラストがその資金を借地農に提供しなければならないからです。私たちはこれまで補助金の増額を求めるためにロビー活動を行ってきましたが、所期の目的は達成されていません[7]」

歴史的に見ても政府の経済政策を変えることは困難だ。しかしロブ・マクリン氏が言ったように、私たちにはトラストの会員やその支持者たちがいる。トラストの会員数は現在五三〇万人を超えている。将来も確実に増加するに違いない。所有地も増加している。ナショナル・トラスト運動は国民的運動に転化しつつある。これはマクリン氏だけでなく、私の実感でもある。マクリン氏はロビイストとしてEU本部へ行ったとも語ってくれた。また一〇〇周年の一九九五年には、トラストは世界へも発信を続けることを表明している[8]。もはやトラストは国内だけでなく、国際的な役割をも果たしつつあるのだ。私たちはナショナル・トラスト運動によって、地域経済の活性化につながる健全な国民経済のモデルを提供するばかりでなく、将来に向かって大いなる希望を抱くことができるのである。

以上、一九九三年にシャーボン農場がトラストの最初の実験農場として稼動を開始して以降、一九九九年までの動きをやや詳しく描写するとともに、今後の展望を試みた。しかしその後も機会があり次第、私はシャーボン村を、そしてシャーボン農場を訪ね歩くことに努めている。そこで読者がトラストの農場のウォーキングをエンジョイするために役立つと思われる点を含めて、シャーボン農場に則して、紙面の許す範囲内で必要と思われる点を付記しておこう。

二〇〇〇年三月にも私はシャーボン村とシャーボン農場を訪ねている。この時シャーボン農場は、すでに第二段階へ入っており、いわゆるより持続可能な（more sustainable）農業を求めて成功へ向かいつつあった。農場内に作られた歩道に沿って歩くと、標示板に出会う。標示板には、この農場には動植物を含む野生生物が生息し、これまで見られなかったアカアシシギやタゲリなどのような珍しい渉禽類《しょうきんるい》の鳥が戻ってきたとある。近代農法による農業も伝統的な農業に戻ることによって、農業とツーリズムが両立することが実証されている。ウィンドラッシュ川ではカワウソが発見されたことはすでに記したとおりだ。この村にあるシャーボン・エステート・オフィスでは約束したとおり、N・B・C・バレット氏と再会できた。

開口一番、イギリスの景気は回復しつつあるが、農業は駄目だと言う(9)。ただしここの農場のR・ジョーンズ氏は違う。彼は優秀で、この難局を切り抜けている。この農場での実験は必ず成功するはずだ。この農場の成功例がトラストの他の農場へ、そしてイギリスの農場へ、そしてEU諸国の農場へと広がっていくことは決して夢ではない。バレット氏は私に「トラストの借地農は前向きで、消費者の立場に立たなければ」と言い、「彼らはそうなりつつある」と付け加えた。近い将来、トラストの農業活動が農業再建への道を示してくれるはずだ。それこそが望むべき国民経済のモデルを提供するのだから。

二〇〇二年には、三月四日から四月一五日までイギリスに滞在することにした。年を経るにつれて、トラスト自体に大きな実力が備わり、これまでのカントリィサイドだけでなく、都市へも眼をむけるようになったということに注意すべきだ。

ただしトラストは一九三四年、すでに「物事が流れるがままに放置し、誤ったところで、そして誤った方法で開発するのを許し、……それらに対して抗議もせず、また防止しようともしないで黙認するような態度は進歩の主たる敵であり、かつ最も御しがたい存在である」[10]と喝破している。しかし今やわが国においても、私たちの生活を量から質へと転換すべき時期に来ている。トラストは早くも一九三〇年代に上記のことを公言しているのだ。私たちはイギリスと日本の歴史上の発展の相違を勘案しつつも、現在のわが国の置かれた状況をしっかりと見極めなければならないと思う。

トラストの目的は、第一に広大で自然豊かな土地を所有し守ること、第二に歴史的に由緒ある建造物などを守ることにある。それ故にトラストの資産が大部分、田園地帯にあることは当然だ。そこでまず第一に、トラストが現在、いかにして田園地帯を守りつつあるのかを実体験するために、この年の滞英期間のできるだけ多くをこの目的に充てることにした。

第二に、工業化と都市化が止まない限り、都市の肥大化は無限に続く。それ故にこそイギリス政府が、ロンドンを含め一四都市にグリーン・ベルトを設定しているのである。そこでトラストが実際に、首都ロンドンの都市化（urban sprawl）あるいは郊外の肥大化（suburban sprawl）をどれだけ阻止するのに役立っているかを見ておく必要がある。二〇〇二年には、主としてロンドンの近郊南部地帯を歩いてみた。翌二〇〇三年七月二三日から八月二七日までの滞英期間中には、ロンドン近郊をはじめバーミンガム、リヴァプールの郊外も歩いてみた。都市化による多くの難問を見る思いがしたのだが、これらについてはⅤで扱うことにしよう。

シャーボン農場の歩道を歩く老夫婦

再びシャーボン農場に戻ろう。
二〇〇二年三月一一日、ロンドン・パディントン駅からオックスフォードを経てモートン・イン・マーシュ駅に到着。ここからサイレンシスターへ行くバスに乗り、ノースリーチに着く。シャーボン農場を訪ねるためにまずノースリーチで宿を取る。それからタクシーでシャーボン村へ。まずトラストのシャーボン・エステート・オフィスに寄ってみる。運良くアンドリュー・メイレード氏がいた。彼によると、R・ジョーンズ氏の実験農場は成功。今や二五年計画へ入ったところだと言う。[11] しばらくしてジョーンズ氏宅へ向かう。今回は私たち夫婦同伴だ。美しいシャーボン村の農場風景を眺めながらシャーボン農場へ向かう。大きくて風格のある家にはジョーンズ夫妻と四人の女の子たちが居た。玄関で開口一番、私たち夫婦が道路をこちらへ歩いてくるのが見えたと言ってくれる。質疑応答が始まった。彼はビジネスマンだと言ったほうがいいかもしれない。トラストとの二五年契約への抱負を聞く。有機ミルクの販売先の酪農会社も決定している。もちろんこの会社は地元の会社だ。そのほか農場の一部改良や改築などのトラストとの話し合いも早晩決定するはずだ。彼は、まだ決して十分とはいえないが、EUの共通農業政策（CAP）とイギリスの農業環境政策の方向性にはほぼ満足している様子だ。

今やジョーンズ氏が、ナショナル・トラストの借地農のパイオニアの役割を演じているのだと言ってもよい。それから彼は、トラストだけでなく政府に対しても、彼が彼らとの契約を遵守している限り、誰からも左右されないし相互に独立した関係にあると、はっきり私に言った。このような関係が確立してこそ、相互の協力関係がスムーズにいき、その目標も達成されるのだ。これこそ民主主義が達成されると同時に、本当の協力関係を意味するパートナーシップも確立されるのだ。

前年は口蹄疫のために農場には入れなかったが、今回は農場内に設けられた歩道に沿って、存分に農場内を歩くことができた。シャーボン川（Sherborne Brook）とウィンドラッシュ川とが合流するところも確かめた。三月も中旬に入ったばかりだ。二つの川とも水量が多い。この農場の面積は八〇〇エーカーだ。私たちが再びジョーンズ家に帰りついた時は、すっかり暗くなっていた。この夜ノースリーチのレストランでディナーをとる中で、彼が毎朝五時に起床すると言ったのには驚いた。しかし「ハードな仕事だが、トラストの借地農の仕事を十分にエンジョイしている」と言う彼の言葉は、私たちを納得させる響きを持っていた。

翌一二日には、同じコッツウォルズの北部にあるモートン・イン・マーシュの近くにあるチャッスルトン・ハウス（Chastleton House）を管理しているマイク・ヘミング夫妻を訪ねた。彼らとはヘミング氏が湖水地方のヒル・トップの家の管理責任者だった頃からの知り合いだ。彼とは一日をかけてヒル・トップ農場やホークスヘッドを中心に歩き続けたことは、「ウィンダミア湖畔を歩く」のところで書いたとおりだ。このカントリィ・ハウスの開館日は三月二八日だ。彼らは開館のための準備でとても忙しそうだ。それでも二人はこの仕事を楽しんでいることが良く分かる。

二〇〇三年に訪ねた時も開館前で忙しく、私の相手をしてくれたのはモニカ夫人だった。彼女は親切にも館内を案内し、色々と説明してくれた。一七世紀初期に建てられただけに館内の備品などの復元も相当に苦労が多そうだった。この館がトラストに手渡されたのは一九九一年である。ヘミング氏が私の帰国後ファックスで送ってくれた説明書によれば、この館の周囲に付属していた二〇〇エーカー弱の農場はすでに売却されており、残っていたのは二二エーカーのみだった。ただ彼の説明によれば、このカントリィ・ハウスも一九世紀後半から始まった農業大不況の影響を強く受けたとのことだ。

私たち夫婦は二〇〇三年八月にもシャーボン農場を訪ねた。この実験農場は、R・ジョーンズ氏の努力によって、今や第二段階へ入っているところだ。幸いにジョーンズ氏は在宅。相変わらず忙しそうだ。それでもしばらくの間話を交わすことができた。仕事は順調とのこと。彼の酪農業による有機ミルクの需要は、消費者の理解が進む中で伸びている。耕作地では大麦や小麦が作られている。この実験農場の第一段階では、すでに述べたようにイギリス政府のカントリィサイド・スチュワードシップ事業が採用され、これまでの集約的な耕作地を牧草地へ転換し、それとともに元の水辺の生態系とその風景を取り戻すことに成功した。現在、一九九三年以来のこの実験が成功したのを受けて、今度はここをEUの共通農業政策のもとで行われる環境保全地域事業（Environmental Sensitive Areas（ESAs））に指定換えしたと言う。このように農業環境政策が代替されるにしても、以前のカントリィサイド・スチュワードシップ事業によって得られた実績が活かされていくことはもちろんである。今後もシャーボン農場がいかにその質を維持・向上させ、それとともにシャーボン村の質を維持し、かつ向上させるのにどのように役立っていくかを見守っていきたい。

しばらくしてジョーンズ夫妻と四人の可愛らしいお嬢さんたちと別れた後、私たち夫婦はかつて幾度か歩いたことのあるシャーボン農場を歩くことにした。天気も良い。何回歩いても新しい発見に出会う。オープン・カントリィサイドの重要性に気付かされる一瞬だ。このところこの村のウォーキングをエンジョイする人たちが増えつつあるのにも気付く。

二〇〇五年八月一五～一六日にもシャーボン農場を訪ねている。一六日、午前一一時に事務所へ。三カ月のサバティカルで休暇をとっているメイレード氏の代わりに応対してくれたのは、ミス・ローラ・モランであった。とても若くてきれいだ。自分の教え子に会ったような錯覚を起こしたものだ。

イギリスでも農業人口は減っているのだが、シャーボン村の人口は？　と尋ねたところ「六〇〇人で安定している（stable）」と答えてくれた。イギリスの工業化と都市化は未だに止まっていない。このような状況の中で、トラストの役割がとても重要だと私が言ったら、「もちろんです」という確信に満ちた答えが返ってきた。トラストがこのように若い人たちを育てていることに、私自身とても心強く思うのだが、彼女とは翌年ロンドンで偶然会うことになる。このことについては後で触れるはずだ。

ジョーンズ家のお嬢さんたちと一緒に

再びシャーボン農場へ。ジョーンズ家へ寄ってみるが、ジョーンズ氏は不在であった。カワウソのいるウィンドラッシュ川沿いも歩いてみた。標示板も更新されている。自然は変わる。しかもトラストは自然の美しさを維持するばかりでなく、その質を高めなければならない。この年も私たちはシャーボン村、そしてシャーボン農場のウォーキングを存分にエンジョイした。

この夜も、前日と同じノースリーチのB&Bに宿泊。翌朝、オックスフォードからチェルトナムを一日数往復する高速バスに乗り、チェルトナムへ。チェルトナム駅からサマセット州のトーントン駅に到着。そこからバスを乗り継いで海岸の保養地マインヘッドにようやく到着した。宿泊地のポーロックへ行くには、またここでバスに乗り換えねばならない。ポーロックは小さな海岸の保養地である。次の私たちの目的地は、北サマセットの国立公園エクスムアにあるトラストのハニコト・エステートである。

第二章
北サマセット（エクスムア）のハニコト・エステートを訪ねて

トラストは創立以来、次第に広大な土地を獲得できるようになってはいたが、それでもそれらには今日トラストの言うオープン・カントリィサイドに匹敵するものはなかった。しかしついに一九一八年七月五日にトラストへリース（五〇〇年間）に出されたハニコト・エステートを獲得した。ここはまさにオープン・カントリィサイドと言うにふさわしい広大な大地であった。それから湖水地方のヒル・トップ農場とトラウトベック・パーク農場、そしてモンク・コニストン・エステートもオープン・カントリィサイドというべき土地であった。これらのいわゆるヒーリス遺産については、すでに述べたところである。

当時ハニコト・エステートは、ほぼ七〇〇〇エーカーから八〇〇〇エーカーに及ぶ極めて美しいカントリィサイドだった。この大地に対して一九一八年七月五日、サー・トマス・アクランドとトラストとの間に五〇〇年のリースが設定された。(1) それにリース設定の交渉が進む中で、アクランド家のカントリィ・ハウスであるキラトン・エステート（六一〇〇エーカー）とハニコト・エステートも三五年後には贈与するとの話し合いも行われていた。(2) ところがそれよりも早く一九四四年九月二九日に、リチャード・アクランドは子供のいなかった大叔父のトマス・アクランドの例にならって、九八四八エーカーにのぼるハニコト・エステートをトラストへ贈与した。それと同時にキラトン・エステートも贈与した。(3) なおキラトン・エステートはエクセターの北東七マイルのところにある。

譲渡証書（conveyance）によれば、彼の考えでは大規模な資産を私的に所有することは止めるべきであり、そしてかかる資産はその管理を国民全体のために、そしてその資産の一部をなす農場やコテッジの場合は、それらを借用している借地農のために使うように構成されているナショナル・トラストに与えられるべきだということだった。彼の妻は、自らの資産が分割されることは社会的なダメージになると考えていた。

このハニコト・エステートは、アクランド家に属していなかったダンケリィ・ヒルにある八六〇エーカーと九四五エーカーが、それぞれ別の二人によって所有されていたが、それらもすでにトラストへ贈与されていた。それからトラストは一九四四年の贈与を完成に近づけるために、同年、別の人によって所有されていた七六七エーカーを購買した。次いで一九七八年と一九九二年には海岸に面したスパークへイズ湿地が、それぞれ九エーカーと三五エーカーずつ購買された。このハニコト・エステートは現在一万二〇〇〇エーカーの広大な面積を占め、五つの村を含み、一四名の借地農を持つに至っている。

ハニコト・エステート

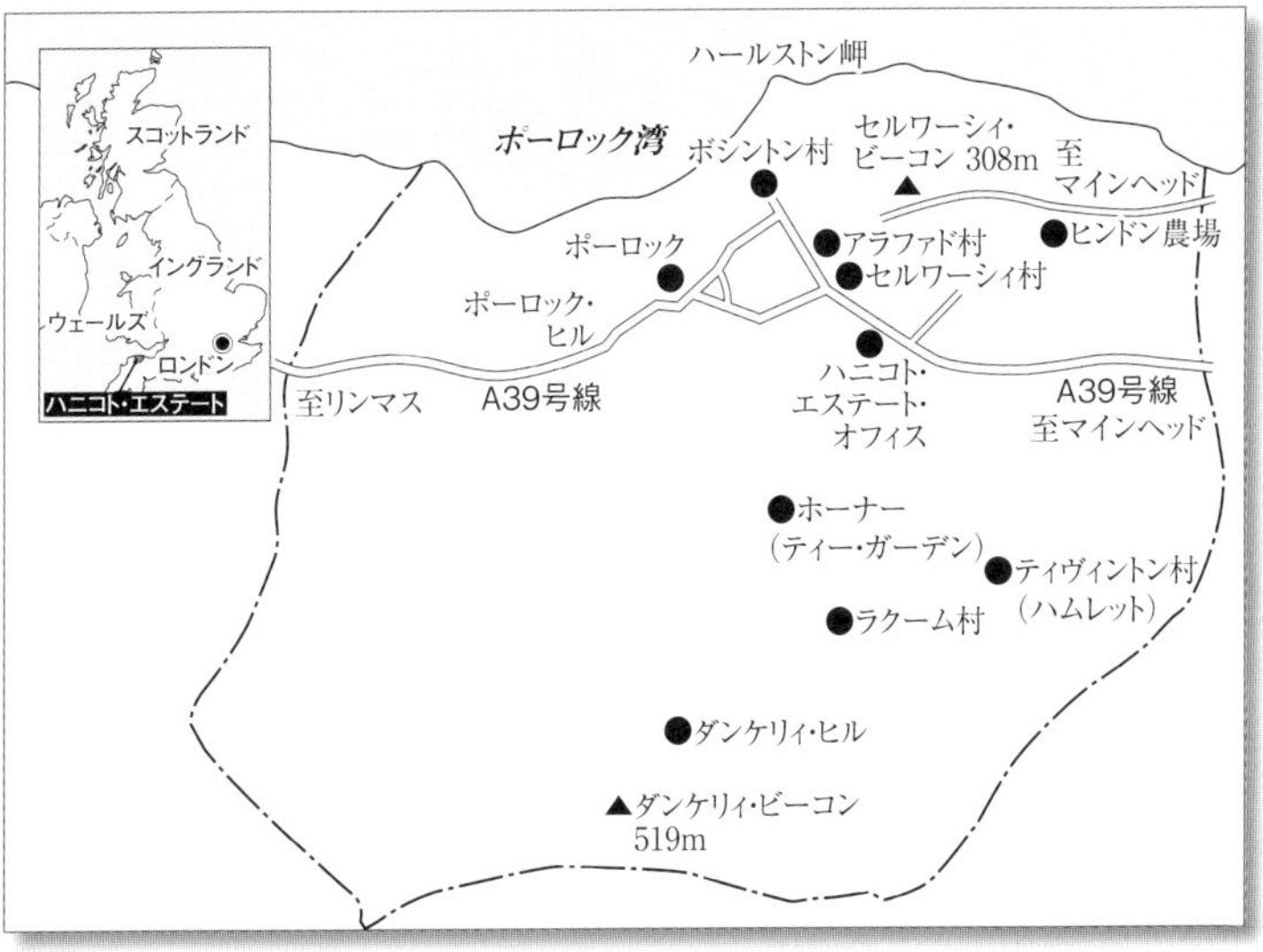

ところで一九一八年六月に、トラストの創立者の一人であったキャノン・ローンズリィ夫妻がウェールズおよびイギリス西部にあるトラストの資産を旅行して回っている。この時二人はハニコト・エステートも訪れている。

彼の旅行記を読むと、ハニコト・エステートの広大で一つのまとまりを持った社会構造が、耕作地や果樹園、そして牧場や放牧地などが、そして教会や家々が渾然一体となって織りなされているさまが、よく分かるように描かれている。緑なす木々に囲まれた山頂に着くと、広大な樹海を見下ろし、また北の方へはブリストル海の青い海原が見える。ハニコト・エステートにはいくつもの歩道があり、それには愛称が付けられていた。ローンズリィ夫妻の四時間半の歩行記の最後の文章は次の言葉で締めくくられている。「この歩行の楽しみが、将来世界中からの歩行者に享有されるのだと思うと嬉しくてたまらなかった。それにこの贈り物を国民のためにと奮発してくれたサー・トマス・アクランドの寛大さには神に感謝するほかはなかった」(4)。私がここを初めて訪問して歩いたのは一九九四年八月九日だった。外国人の訪問者として、私は何人目に当たるのだろうか。アクランド家の人々は本当にハニコト・エステートを愛していた。だからその永久の保存をナショナル・トラストに託したのだ。

この日の私の歩行時間は、ローンズリィ夫妻の四時間半より一時間少ない三時間半だった。ブリストル海を見下ろすことのできるセルワーシィ・ビーコン (Selworthy Beacon) からのハニコト・エステートの眺望は素晴らしく、途方もなく広大であった。これこそオープン・カントリィサイドだ。ブリストル海の前方にはウェールズのカーディフとスウォンジィがかすかに見える。スウォンジィの西方には私が後年数日かけて歩くことになるガワー半島が控えている。ハニコト・エステートは東に海岸の保養地で有名なマインヘッドの町、そして西にはこれまた海を控えた保養地で有名なポーロック村に挟まれており、後方のハニコト・エステートは見渡す限りのオープン・カントリィサイドだ。

二〇〇〇年三月二九日には、ハニコト・エステートの土地管理人のリチャード・モリス氏とのインタビューも果たすことができた。その後二時間ほど彼の車でここを案内してくれた。エクスムアの頂上であるダンケリィ・ビーコンを眼の前にしながら彼の指差すほうを見ると、遠くに野生の鹿がいた。

二〇〇一年三月二九日には彼のオフィスで郷土史家のイサベル・リチャードソン女史を交えて十

分な話し合いを持つことができた。この時は既述したように、イギリスでは口蹄疫がしょうけつを極めていたが、幸いにここでは口蹄疫は発生していなかった。しかし現在いるハニコト・エステートの一四名の借地農たちは大変に心配しているとのことだった。

この日のインタビューでの席上、前年の二〇〇〇年に一四名の借地農のうちの一名と、持続可能な農法の実施のための契約を交わしたという。トラスト自体、すでに持続可能な農業を目指しつつある。この農場も持続可能な農法に成功してほしいと思う。この事務所では、この年の口蹄疫という非常事態に、自らの農民のために地代の一時停止など必要な措置を取るとのことだった。産地直売も行っているし、地元の屠殺場もポーロックにある。地方の屠殺場が閉鎖されたことも、口蹄疫が広範に広がった原因の一つだ。今回の口蹄疫がイギリス経済に及ぼす影響について語り合った。農業の占める小さな比率からして、イギリス経済へのショックはそれほど大きくはないだろう。ただしツーリズムは今やイギリス産業の最大部門の一つだ。それ自体、相当の打撃を被ったことは明白だ。しかし農業への打撃について、このように簡単に割り切っていいものかどうか、私自身疑問が残った。もっと総合的見地に立って考えるべきだろう。

ハニコト・エステートのヒンドン農場

二〇〇三年八月五日、再びハニコト・エステートへ。ロンドン・パディントン駅からトーントン駅へ。ここからバスでマインヘッドへ。あらかじめ事務所で紹介してくれていたB&Bのセルワー

セルワーシィの絵のような家々

シィ・コテッジ（Selworthy Cottage）へ。ここの夫妻が私たち夫婦を温かく迎えてくれる。この家はローンズリィが「絵にしたくなるような」と書いた家の一つだ。私たちは少しくつろいだ後にセルワーシィ・ビーコンへ登っていった。

翌六日は事務所へ。今回は地域担当責任者（Countryside Manager）のナイジェル・ヘスター氏がインタビューに応じてくれた。開口一番、同氏が私へ差し出してくれたのはＳＯＷＡＰ（Soil and Surface Water Protection Using Conservation Tillage in Northern and Central Europe）なるパンフレットだった。これこそはＥＵ諸国において、政府主導で持続可能な農業を実現しようという極めて画期的な実験である。このプロジェクトは、従来の北欧および中欧での集約農法を止めて、土壌と水質を保全しつつ、採算可能で、持続可能な耕作農業を実現しようというものだ。しかもこのプロジェクトに、ナショナル・トラストが理想的なパートナーとして加わっていることが記されている。このトラストの農場こそ、ハニコト・エステートの農場であって、この農場はSOWAPからの後援を受けて、近い将来、持続可能な農業のモデルを提供できるはずだ。

ところでハニコト・エステートの約一万二〇〇〇エーカーのうち約四〇〇〇エーカーが農場であるが、ここには一四名のトラストの借地農がいる。このうちヒンドン農場が二〇〇〇年にトラストと有機農法を行う契約を交わした[5]。この農場の規模は約五〇〇エーカーで、大部分が肉牛、羊、豚、そして鶏などの家禽類が飼育され、その他に耕地もある。すべての土地が有機農場だ。その他にB&Bと自炊（self-catering）のためのコテッジもある。ある日、この農場の借地農であるロジャー・ウェーバー氏と会った時、「この農場内ならば、リンゴを土の上に落としたって構わない。土をふきさえすれば食べられる」と語ってくれたことがある。私の子供の頃でもそうだったことを思い出す。農業を伝統的な（traditional）農業に返す意味合いは誠に深い。彼はスピーチをすることが好きだそうだ。大いにその特技を活かして欲しい。

ハニコト・エステート内での川遊び

この農場の歩道を歩くと、ところどころにこの有機農場の利点をごく簡単に説明するワッペンらしきものに出会う。それからこ

ヒンドン農場（有機農場）

の農場内の歩道を辿っていくと、セルワーシィ・ビーコンに行き着くことができる。もちろんポーロックへもマインヘッドへも下りていくことが可能だ。

ここではこの農場のホームページ（http://www.hindonfarm.co.uk）から、この農場の特徴の一端を原文のままで紹介しておこう。"Hindon Organic Farm" "Real Farm, Real Food, Relax……" 私は翌朝、ここの店で有機のソーセージを買って、ロンドンに持ち帰った。それからトラストの最初の実験農場であるシャーボン農場のジョーンズ夫妻は、すでにこのヒンドン農場を知っていた。この農場がシャーボン農場の成功を受けて、いよいよ全国へ向けて有機農業または持続可能な農業への第二弾目をなすものであることは明らかだ。

実は翌二〇〇四年九月一五日にも、私たち夫婦はヒンドン農場を訪れている。前日の夕方、ここのB&Bを利用可能かどうかロンドンで電話、運良くOKの返事。翌日の午後二時に到着。この日のうちにセルワーシィ・ビーコンへ。ここから眼の前に広がるハニコト・エステートの広大なオープン・カントリィサイドを眺望し、それから背後に広がるブリストル湾の海原を眺める。その一角にヒンドン農場があるのだ。しばらくしてかつてウォーキングをエンジョイした歩道をとりながら、森の中へ下りていくと左側に教区教会が、そして右側にはローンズリィがかつて絵にしたくなるようなと書いた家々がある。もう少し下りていくと先年宿泊したセルワーシィ・コテッジもある。そこを通り過ぎて行くとA39号線に出る。

この道路を越えるとすぐそこはトラストのハニコト・エステート・オフィスだ。この地域の担当責任者のナイジェル・ヘスター氏にも会うことができた。ヘスター氏とのインタビューの中で、ハニコト・エステートの人口如何について尋ねてみた。ハニコト・エステートの人口自体に大きな変動はないが、隣接地の観光地のマインヘッドやポーロックに対する貢献度を考えれば、恐らく人口の増加にもある程度の貢献をしているはずだとのことだった。

それからツーリズムとの関連で次のことも付け加えてくれた。オープン・カントリィサイドを維持し、かつ向上させるためには、持続可能な農業を実践するばかりでなく、樹木を保護・育成しながら動植物の生息地（habitats）の維持向上にも努めなければならない。そのためには多くの資金が必要であることは言うまでもない。

ヒンドン農場のウェバー氏と

この事務所からバス停はすぐそこだ。マインヘッドへ行き、買い物をしてからヒンドン農場のB&Bへ。これは珍しいことだろうか。家から少し離れた家畜小屋で夜遅くまで、ウェバー氏ともう一人の男性が働いている。二匹の犬が殊勝にも主人の傍らを離れず、ついて回っていた。宿泊客は四組だ。

朝食はトーストではなくブレッドだった。これはイギリスでは珍しいことかもしれない。有機の豚肉、牛肉、ラム（子羊の肉）、ソーセージ、ハム、ベーコンなどすべて自家製だ。それらがここの店で売られているし、また近くの商店やレストランに配送されている。顧客も増えているので、車を運転する男性は地図を携えていた。

ヒンドン農場自体が、人と動植物が一緒になって生きているのだと言っても決して誤りではない。このような光景はシャーボン農場でも同じだ。この日の午前中は、この農場の辺りも散歩し、ゆったりとした時間を過ごすことができた。

第三章
ゴールデン・キャップとブランスクームへ

二〇〇三年八月一二日、私たち夫婦は、コッツウォルズに住むヤング氏宅を訪ねている。滞英中デヴォンシァとドーセットシァの海岸線に沿った田園地帯を歩きたいと言うと、是非ゴールデン・キャップを歩くようにと薦めてくれる。八月一五日、快晴。ゴールデン・キャップを目指す。ロンドン・ウォータールー駅を出発。アクスミンスター駅で下車。ライム・レジス行きのバスに首尾よく乗車し、終点で降りてインフォメーション・センターに直行。

ゴールデン・キャップを歩くことを告げると、チドック（Chideock）のB&Bを紹介してくれる。ゴールデン・キャップの入口にはトラストの標識があるが、内陸を歩くための出発地点は崖地の崩壊によって閉鎖されたとある。やむなく海岸線を歩くことにする。イギリスの海岸線の崖地（cliffs）の脆さを目の当たりにし、半分不安を抱きながら、ゴールデン・キャップへの登り口を探しつつ歩き続ける。砂浜が狭くなっているようだ。満潮時のことを考えると、不安になる。ついに丘の中腹辺

ゴールデン・キャップとブランスクーム

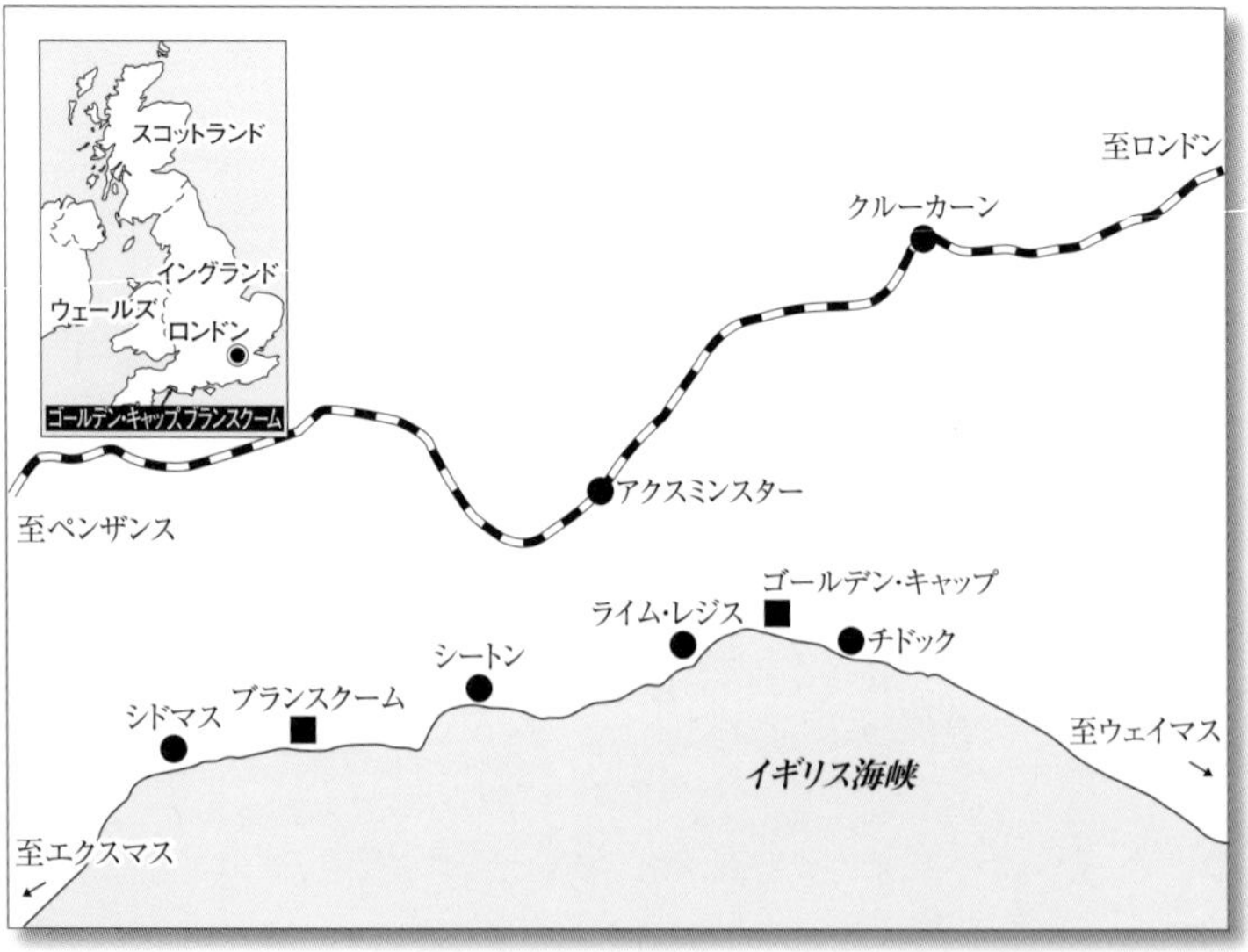

りから梯子段が下がっているのを発見。一瞬、梯子段に手をかけるのにたじろいだが、「トラストの人たちが作ってくれた梯子段だ。大丈夫だ」と言い聞かせながら、私たち夫婦は注意しながら登っていった。登り詰めたところにスタフォードシァから来たと言う中年の夫妻が休んでいた。しばらくスタフォードの陶磁器の話などをする。ここには数回来ているという。

別れを告げてゴールデン・キャップへ。素晴らしい自然風景だ。後背地は農村地帯で胸のすくようなオープン・カントリィサイドだ。内陸からの登り口は他にもある。そこから登ってくる人たちもいる。頂上から見てもここへ人々が大挙して押し寄せているわけではない。人口が日本の二分の一であることに加えて、イギリスには癒しの場がたくさんある。

ゴールデン・キャップ

イギリス海峡へ顔を向けると、右にはエクスマスとエクセターが、左にはウェイマスまでの海原が、いやそれをはるかに超えた眺望が得られる。これで今回の滞英中の大きな願望の一つが、四時間ほどのウォーキングで叶えられた。

あと一〜二時間も歩けば、チドックのB&Bに着けるだろう。頂上でしばらくの間休息し、ナショナル・トラストの目指すオープン・カントリィサイドを考えてみる。前方はどこまでも青い海原の続くイギリス海峡だ。後方は自然豊かな農村地帯だ。これらがあいまってツーリズムが、あるいは農業体験ツアー（agricultural tourism）が成り立つのだ。これが理想的な形で実現するためには、有機農法が、あるいは持続可能な農業が実現されねばならない。そうすれば動植物の生息地も自ずと活気づくはずだ。

ブランスクーム

この夜のチドック村でのディナーは素晴らしかった。隣のテーブルにいたイギリス人夫妻が声をかけてくれた。日本に居たことがあるという。あの夫妻の女の子も日本に良い思い出を持ってくれればと思う。

八月二七日、妻が帰国した後、海岸線から見るトラストの大地を含むイギリスの田園地帯を再び確認しようという気持ちを抑えることができなかった。九月二日、再び私はウォータールー駅からアクスミンスター駅へ向かった。ここからバスでライム・レジスに至り、ここから再びバスに乗りシートンを経て目指すブランスクーム（Branscombe）へ。B&Bで落ち着くまもなく、教区教会の境内から森林地へ入り、そこを登っていくと前方にイギリス海峡が開ける。ここでしばらく立つ。傍らに青年が休んでいる。左右の海岸線五マイルほどがトラストの大地だ。左のほうにはゴールデン・キャップが控えている。今来た森の後方には農場がある。そして教会の辺りは集落地だ。

　私はしばらくして砂浜を目がけて降りていった。ここは観光客が目立つ。私もここでしばらく休んで、今度はトラストの農場を目がけて海岸線に沿って丘陵地を登っていく。登り詰めると広大な農場が目の前に広がる。ここは耕作地だ。遠くでトラクターが稼動中だ。こちらへ来るのをしばらく待つが、なかなか来そうにない。眼の前に広がるイギリス海峡は真っ青だ。そして後背地はオープン・カントリィサイドだ。緑に覆われた森の向こうには集落地があり、その向こうには農場がある。

　私がこの日、ブランスクームの絵葉書を故郷の姉に書いた文面には、写真よりも実際の風景がもっときれいだと書いている。トラストは今、有機農法を目指して奮闘中だ。それをＥＵもイギリス政府も後押ししている。農業と自然を守り育てること、そして田舎を活かすことが、その国を守り、育てるのだということを彼らは知っているのだ。日本とは大きな違いだ。このように書いた。もう少し、イギリスの田園地帯を歩いてみよう。

第四章 ウェールズ南西部を行く

ガワー半島南部を行く

ガワー半島に行く前年の二〇〇二年三月二七日、ウェールズの最西端の地セント・デイヴィズ（St. David's）のトラストの海岸を歩く機会があった。この時の体験について少し触れておこう。トラストの海岸に立つと、前方にラムジィ島がすぐそこに見える。この島を右手に見ながら、歩道に沿って歩き続ける。幾人かの人たちと行き交ううちに、この半島の最先端に立つ。海の風と潮の匂い。そして波の音。海岸と農場が一体となっている。多忙ゆえ、宿泊を断られたトレイギニス・オーカヴ（Treginnis Uchaf）の農場も遠くに見える。この半島を一周してB＆Bに着いた時には暗くなっていた。

翌二八日、セント・デイヴィズの町（実はシティ）には不似合いなほどに大きなカテドラル

ガワー半島

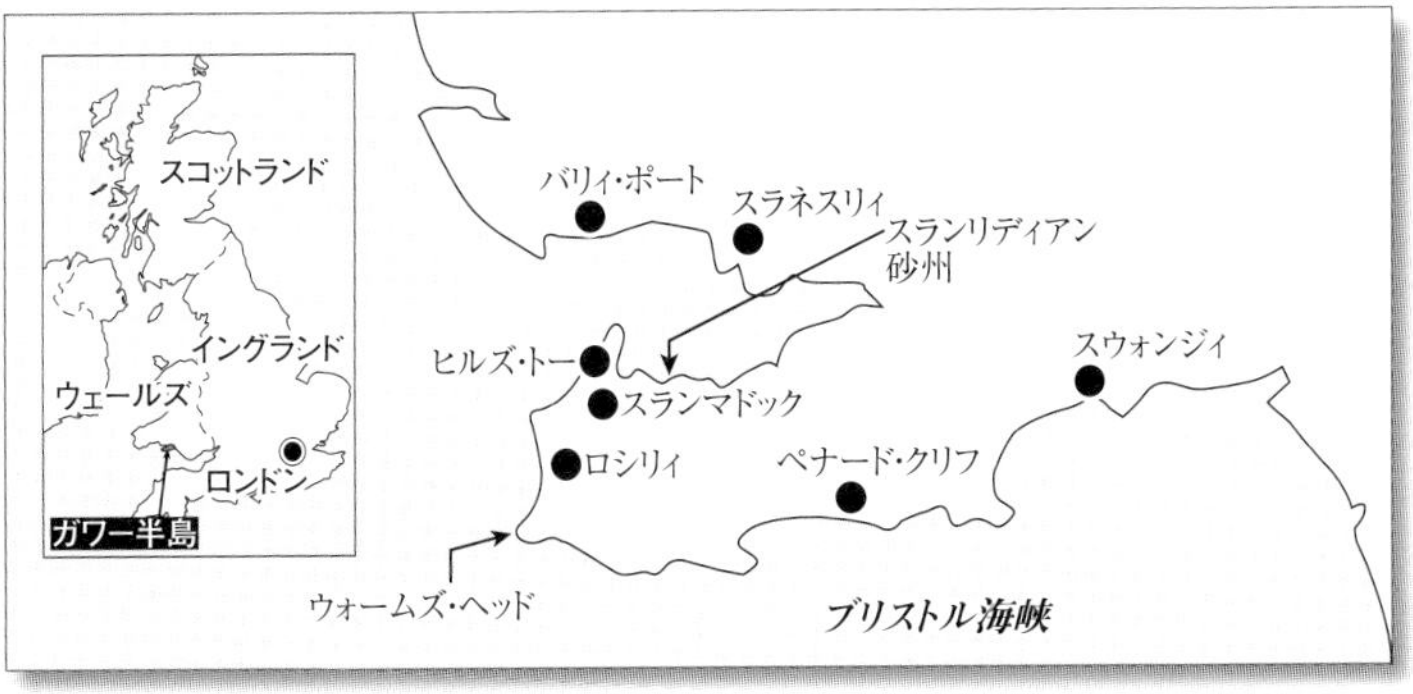

(Cathedral) を見ながら、トレイギニス・オーカウヴの農場へ向かう。ここは自発的に有機農法を行っているところだ。三五〇エーカーの農場はほとんど牧場だ。石ころが多いのがその一因でもあるらしい。農業の規模からして、ほぼ家族農業だ。トラストの海岸地については、次のように考えることができる。トラストの海岸は都市化を食い止め、別荘 (villas) の建築も認めない。なぜならばセント・デイヴィズの海岸地をエンジョイするためには、そこを破壊するのではなく、この町のホテルかB&Bに宿泊するのが当然だからだ。

いよいよウェールズ・ガワー半島を歩く日が来た。二〇〇三年八月二七日、日本へ帰国する妻と一緒にヒースロー空港へ。妻の日本へのチェック・インを確かめて、その足でレディング (Reading) 駅へ。パディントン駅発スウォンジィ行きの列車に乗り、ガワー半島を目指す。スウォンジィ駅に到着したのは昼過ぎだった。二日間、この町に滞在することにする。この日はバスでペナード・クリフ (Pennard Cliff) へ。思えば一九八五年のことだ。私はガワー半島のトラストの土地を目

ロシリィの頂上

指して、この町のバス・ステーションまでは来ることはできたが、その先、要領を得ないで、やむをえずロンドンへ帰らねばならなかった。懐かしい思い出でもあり、苦い思い出でもある。

それはともかく、この日は快晴。ついにトラストのペナード・クリフの先端に立つことができた。ここは地名の示すとおり、崖地が海に突き出て、断崖絶壁となっている。爽やかな風とマイルドな海。後方は自然風景に恵まれたオープン・カントリィサイドだ。

翌二八日はロシリィ（Rhossili）へ。今度のバスも次々とバス停に寄りながら、いくつかの村を走り抜けてロシリィに着いた。ここにはトラストのビジター・センターもある。ロシリィ丘陵（Rhossili Down）を仰ぎ見る。頂上を目指したいが、相次ぐ毎日のウォーキングで疲労が重なっている。一瞬たじろぐが、やはり頂上をめざす。

ガワー半島北部へ

ようやく私はロシリィ丘陵の頂上に立った。晴天下、三六〇度の自然風景がどこまでも続く。前方はブリストル海峡、遠くは大西洋の青い海原がどこまでも続く。後方は広大なオープン・カントリィサイドだ。北のほうにはラクサ川を中に、スランリィディアンの砂洲（Llanrhidian Sands）が見え、その向こう側にはウェールズ南西部諸州の大地が控えている。ガワー半島がすべてトラストの大地であるわけではないが、一九九七年までにその面積はおよそ四七七〇エーカーに達している。現在ではもっと広くなっているはずだ。

私はロシリィ丘陵の頂上に立って、このガワー半島全体をスランリィディアン砂洲を含めて、いやウェールズ南西部諸州の大地までも含めて、これらの広大な大地をナショナル・トラストの言うオープン・カントリィサイドとして考えてみたいと思った。なぜか。たとえばコッツウォルズのシャーボン農場を持続可能な農場として考えるために、ここをシャーボン村の一角をなすものとして考えた。またヒンドン農場の場合には、ここを五つの村を擁するハニコト・エステートの一角をなす農場として考えた。このような例は他にもある。それにトラストの守備範囲は今後も確実に広がっていくに違いない。しかもガワー半島の東方にはスウォンジィが、さらに東のほうにはカーディフがある。ウェールズ東南部地帯は、工業地帯として有名なところだ。これ以上の工業開発や自然破壊は許されまい。

もう一度ガワー半島に帰ってこよう。今度はガワー半島の北部海岸とトラストのスランリィディアン湿地帯（Llanrhidian Marsh, 一二七一エーカー）を歩かねばならない。しかしそのチャンスはロシリィ丘陵に立った翌年の二〇〇四年には来なかった。二〇〇五年になると、いよいよ私の故郷の志布志湾が気になり始めていた。開発が強行されて以来、渚が浸食され、砂浜がなくなりつつある。その結果、海岸の浸食を防ぐことを理由に護岸工事が施され、そのために海岸の浸食はますます悪化している。これはわが国では志布志湾だけの話ではない。あちこちの海岸が壊されていることは、私自身実際に見ているし、また知人からも知らされている。このような状況の中で日本の事情をも考慮しつつ、二〇〇五年からのイギリスへの旅が始まったと言ってよい。

［注］

●ナショナル・トラストの農業

（1）筆者前掲稿「口蹄疫（foot and mouth disease）のなか、ナショナル・トラストをゆく」一三九頁。

（2）以上 *Annual Report & Accounts 2001/2002*（The National Trust, 2002), pp.5-6, pp.9-20.

（3）Charlie Pye-Smith, "Living from the Land", *The National Trust Magazine*, No. 86, Spring 1999) p.30.

●第一章

（1）湖水地方などのように、指定された地域を定めて行われる環境保全地域事業とは異なり、ヒース地や白亜質の草地、海岸地、沼沢地、そして川辺の牧草地のように、特殊な生息地や自然的景勝地を有した個々の農業用地を対象として行われる環境保全事業。これはＥＵの共通農業政策（ＣＡＰ）のもとで行われる前記のＥＳＡｓとは異なり、イギリス独自で行われている農業環境保全事業である。

（2）詳細なタイトルは、Sherborne Farm, Sherborne, Gloucestershire—Farm and Environmental Plan (1993) である。

（3）これについては "Preparation of Whole Farm Plans—Briefing Notes"（1993）および "Guidance Note : Farm Assessments and Whole Farm Plans"（1995）を参照。

（4）一定期間、農耕地として強制的に休耕を命じられる農業用地であって、一九九八年度は五%であった。なお任意の場合、五〇%まで休耕を認められる。その場合、当然補助金は安くなる。

（5）これは環境省（the Department for the Environment, Transport and the Regions, DETR）の一部門である。

（6）Charlie Pye-Smith, "Living from the Land", *The National Trust Magazine*, No. 86, Spring 1999) pp.30-33.

（7）この手紙は、前記ロブ・マクリン氏の前任者であるジョン・ヤング氏からの一九九八年一〇月七日付の私宛の質問に答えたものである。

（8）*Annual Report & Accounts 1994/1995*, The Director-General's Review of the Year（The National Trust.1995）, pp.9-15.

（9）帰国後、バレット氏から送られてきた一九七三年から一九九九年までのイギリスの農家所得の統計資料を見ても、イギリス農業が現在も確実に衰退しつつあることは明らかだ。私たちはこの歴史的事実を決して見過ごしてはならない。

（10）*Thirty-Ninth Annual Report*（the National Trust, 1933-34）, pp.1-2.

（11）借地農R・ジョーンズ氏とトラストとの二五年間にわたる借地契約書のタイトルは次のとおりである。
Agreement for a Farm Business Tenancy of Sherborne Farm, Sherborne, Northleach, Gloucestershire Between The National Trust for Places of Historic Interest or Natural Beauty [Landlord] and Robert Anthony Jones [Tenant] from 30th November, 1998.
（歴史的名勝地および自然的景勝地のためのナショナル・トラスト〔地主〕とロバート・アンソニィ・ジョーンズ〔借地農〕の間のグロースターシァ、ノースリーチ、シャーボン、シャーボン農場の借地契約〈一九九八年一一月三〇日から〉）

◉第二章

（1）このリースの書式名は次のとおりである。

Dated 5th July, 1918, Sir Charles Thomas Dike Acland Baronet-to-the National Trust for Places of the Historic Interest or Natural Beauty—Lease—of-pieces of Moorland Down and Woodland farming part of the Holnicote Estate in the County of Somerset (Sporting rights reserved to the Lessor).

「サー・チャールズ・トマス・ダイク・アクランド準男爵から歴史的名勝地および自然的景勝地のためのナショナル・トラストへのサマセット州ハニコト・エステートの一部である荒野を含む丘陵地と森林地部分のリース（狩猟権は賃貸人に所属）、一九一八年七月五日付」。

（2）Ann Acland, *A Devon Family—The Story of the Aclands* (Phillimore, 1981), pp.148-150. これは一九一七年二月二二日のタイムズ紙に載せられたものを転載したものである。なおこの記事を初めて読むことができたのは、Holnicote Estate Office の郷土史家の Isabel Richardson 女史が、私へこの本のコピーを送ってくれたことによる。記して謝意を表わしたい。

（3）キラトン・エステートとハニコト・エステートの譲渡証書は次の書式で始まっている。

This Conveyance is made the 29th day of September 1944 Between Sir Richard Thomas Dyke Acland of Killerton in the County of Devon Baronet M. P. (hereinafter called "the Donar") of the one part and The National Trust For Places of Historic Interest or Natural Beauty incorporated by the National Trust Act 1907 of 7. Buckingham Palace Gardens Westminster in the County of London (hereinafter called "the National Trust") of the other part.

（この不動産譲渡証書は一九四四年九月二九日、一方、デボン州キラトンのサー・リチャード・トマス・ダイク・アクランド準男爵、下院議員〈以下「贈与者」と称する〉と、他方、ロンドン・ウェストミンスター・バッキンガム・パレス・ガーデンズ七番地の一九〇七年ナショナル・トラスト法によって法人化された歴史的名勝地および自然的景勝地のためのナショナル・トラスト〈以下ナショナル・トラストと称する〉との間で交わされる）。

（4） H. D. Rawnsley, *A Nation's Heritage* (London, 1920), p.108.

（5） Agreement for a Farm Business Tenancy of Selworthy Hill and Cliffs Between The National Trust for Places of Historic Interest or Natural Beauty [Landlord] and Mr. Roger Webber and Mrs. Penny Webber [Tenant] from 1st January, 1999.

〈歴史的名勝地および自然的景勝地のためのナショナル・トラスト〔地主〕とロジャー・ウェバー氏とペニィ・ウェバー夫人との間のセルワーシィ・ヒルとクリフス農場の借地契約〈一九九九年一月一日から〉〉

なお二〇〇七年三月一三日のハニコト・エスエートのナイジェル・ヘスター氏の返書によると、この借地契約は二〇〇四年に終了しているが、ある事情のためにこの契約はまだ更新されておらず、今でもこの契約書が有効であるとのことである。

Ⅳ
海岸線を歩く

二〇〇五年八月一日、イギリスへ。私は志布志湾への思いを胸に旅立った。志布志湾の惨状は私の脳裏から離れることはない。それにわが国の地域経済の衰退もそうだ。

ヒースロー空港に降り立った私たち夫婦は、ロンドンのいつものホテルに落ち着いた。ここは、全世界を震撼させたあのテロリズムのあったロンドンのタビストック・スクウェアと地下鉄のラッセル・スクウェア駅にほど近い。翌二日には、トラストのロンドン事務所を訪ね、三日には、この年七月に本格的に活動を開始したスウィンドンのナショナル・トラスト本部を訪ねた。まず自然保護担当理事（Director of Conservation）のピーター・ニクスン氏と再会できた。ここでは氏が開口一番発した私には強烈な記憶として残るにちがいない発言を紹介しよう。知られるように、トラストは国民のために歴史的名勝地および自然的景勝地を永久に守り、かつその質を高めるためにある。したがってトラストがその持てる資産の価値を低めたり、台無しにするはずがない。

しかし今や誰でも知っている地球温暖化や気候変動による海面上昇によって、トラストの海岸線も徐々に浸食されつつあることを氏は私へ告げたのだ。地球温暖化に関する最新の分析や予測を集約する国連の「気候変動に関する政府間パネル（ＩＰＣＣ）」の第一作業部会は、二〇〇七年二月一日、二一世紀末に地球の平均気温が最大で摂氏六・四度、海面は最大で五九センチ上昇すると予測した。そして今や人間の活動が温暖化をもたらした主たる原因であることは常識となっている。

ニクスン氏が、トラストの海岸のうち浸食しつつあると私へ告げた海岸の名称のうち、いくつかは歩いている。これまでトラストの海岸をかなりの距離歩いてきたと思うが、未だにトラストの海岸線が浸食されつつあるとは思っていなかった。これは私の怠慢によるものだろうか。

私自身、ニクスン氏がかかる人間営為による自然破壊が、もはや取り返しのつかないものであることを繰り返し述べているのを聞きながら、このことに同意せざるを得なかった。しかし氏は、これまでのかかる人間の営為が人間社会の崩壊へと直接つながるのだとは決して言わなかった。私は渡英前、すでに志布志湾の惨状を考慮に入れながら、イギリス北東部のダラムの海岸を歩いてみようと計画していた。というのはこの海岸は、地元の採炭場から出る石炭のかすのゴミ捨て場となっていた。ここを地元の人々と協力しながら、今はきれいな海岸になっている。当初この海岸は回復の見込みのない海岸として考えられていたものが、みごとに自然海岸としてその美しさを回復したのである。

ピーター・ニクスン氏と

このような経緯から、まずこの海岸を見ておこうと考えたのである。それからピーター・ニクスン氏の言葉は、ここばかりでなく、かつて私が歩いた海岸線をもう一度歩いてみようという強い動機を私に与えた。会見後、氏は農業部門担当責任者ロブ・マクリン氏を呼んでくれた。

ロブ・マクリン氏とは二〇〇一年三月、あの口蹄疫がしょうけつを極めていた時にも会っている。氏との今回の対談で得られた情報は、私のナショナル・トラスト研究のためにいずれも重要なものだが、ここでは省略せざるをえない。

ところでピーター・ニクスン氏との会見の席上、氏が開口一番、私へ発した「トラストの海岸線も壊されつつある」との言葉には次のような事情もあった。

二〇〇五年は、いわゆる海岸買取運動であるエンタプライズ・ネプチューン・キャンペーン、正式にはネプチューン・コーストライン・キャンペーン（the Neptune Coastline Campaign）の成功を祝う四〇周年にあたる年だった。

この年までにトラストは四五〇〇万ポンド（約一〇〇億円）の募金額を集め、保護下におさめた海岸線は七〇四マイル（一一二六キロメートル）を超えていた。これこそはナショナル・トラスト運動が一般国民によって強い支持を得ていることの何よりの証拠である。それとともにこの年、二〇〇五年初めには、トラストは広範なメディアから取材を受けることになった。この時トラストは、気候変動と海面上昇がトラストの海岸線に及ぼす影響がいかなる意味を持つか、そして将来にわたってトラストの海岸線を守っていくについては、自然の力に逆らわず、自然の変化とうまく折り合いをつけていく必要があることに焦点を当てて取材に応じた。この時の報道が、将来、気候変動に適応していく必要があるということを政府に理解させるのに役立ったという[1]。

第一章
ナショナル・トラストの海岸線を歩く

「イギリスで、海から七五マイル以上離れて住んでいる人はいない。島国の私たちにとって、海はかけがえのない存在だ。精神的にも物質的にも、私たちは海岸と離れては生きてゆけない。海は無限の力だ。このことを私たちは忘れてしまい、危険な状態に置かれている」。

この文章は、トラストが二〇〇五年に刊行したパンフレット『変動する海岸――変化する海岸線とともに生きる』(Shifting Shores — Living with a changing coastline) の冒頭文である。

トラストは、海岸の変動が次の一〇〇年間に、トラストの資産にいかなる影響を及ぼすのかをより正しく理解するために、民間業者や政府および政府関係機関の研究結果をも援用しながら、ナショナル・トラスト独自の海岸危機のアセスメントを編み出した。それによるとショッキングに近い数字が得られた。これらによると次の一〇〇年間を通じて、トラストの資産のうち一六九カ所が海岸の浸食によって土地を失う恐れがある。これらの土地のうちの一〇%が一〇〇メートルから二〇〇メートルまで浸食され、五％以上が二〇〇メートル以上へ及ぶ恐れがある。それに現在、合計約一万エーカー（四〇五〇ヘクタール）に及ぶ一二六カ所が、満潮時による洪水の危険に晒されているという[1]。

それではトラストはこれらの緊迫した事態にいかに対処しようとしているのか。言うまでもないが、トラストの資産で生じつつある事態は、トラストによる直接の開発行為によって生じたものではなく、いわば「貰い公害」か、あるいは自然変動によるものである。このような事態に直面して、トラストのなすべき仕事は、影響を被った場所をそれぞれ詳細に調べ上げ、地元の人々や他のパートナーたちと協力しながら解決策を練り上げることだ。大まかに言えば、変動が生じた場合、その変化に逆らわないで暫定的な手段を用いて時間を稼ぎながら、その変化とうまく折り合いをつけようというわけだ。

ところで海岸の変動に対するこれまでのイギリスの対策は、岩石やコンクリートで強力な対抗策を取ることだった。それではこのような強力な対抗策に対するトラストの考えを聞いてみよう。

「海面上昇と強力な暴風雨が増えるにつれて、このような防御物を作り、そして維持するのはますます困難となり、かつ費用もかかる。それらはまた海岸を台無しにし、そして問題を他の場所に移してさらに環境破壊を引き起こす。それ故に強力な防御物は最後の手段としてのみ使われるべきである[2]」

ここにトラストの海岸変動に対する基本的な方針が、変化に逆らうのではなく、その変化に順応しながら、人間をはじめ他の動植物のための持続可能な解決策を探求することであることが分かる。

ダラム海岸

二〇〇五年八月八日、早く起床できたこともあって、ロンドンのキングズクロス駅から午前八時のニューカースル・アポン・タインへ行く列車に乗車。途中ダラムの美しい市街地を眼下に眺めながら、ニューカースル駅に無事に到着。ここで乗り換えてサンダーランドを経てシーアム（Seaham）で下車。ここは私にとって全く未知の土地だ。

つかまえたタクシーの運転手が若くて親切だった。道なき道（?・）を走り、止まったところがトラストの山林地だった。入口は見つからないが、言われるままに山林に入り、まっすぐに進む。海岸へ向かっているはずだ。トラストは現在、ダラム海岸（Durham Coast）一〇マイルのうち五マイルを所有し保護している。ビーコン・ヒルは右側にあるはずだが、今や海岸へと気がはやる。途中誰とも会わない。ようやく鉄道線路のあるところに行き着き、そこを跨ぐとホーソン・ハイブ（Hawthorne Hive）の標示板が眼に入った。そこには眼下の砂浜（dene）に降りるための急峻な崖地の歩道があった。ここは地元の採炭所の廃棄物の捨て場となっていたところを「流れを変えよう（Turning the Tide）」の標語の下に、トラストと地元の人たちが協力してきれいにしたところだ。私たち夫婦は何のためらいもなく大小の岩石が点在する砂浜へと降りていった。

降りた砂浜には誰もいなかった。構わずビーコン岬（Beacon Point）へと歩き始めた。塵や廃棄物はなかった。ビーコン岬を通過して、シッパーシィ湾（Shipperseay Bay）も過ぎた辺りで、崖の上で私たちのほうへ手で合図を送っている人がいる。それ以上進むなという意味らしい。私たちも砂浜が狭くなっているし、少し不安になっていたところだった。もし満潮時が来れば、確実に砂浜はなくなるだろう。引き返すことにした。幸いシッパーシィ湾の中間辺りに崖地を登るための歩道があった。ようやく登りきったところに老人が休んでいた。シメタ！と思った。この日は宿も決めていなかったし、行く当てもない。できればダラムへ行きたい。

「近くにバス・ストップがありますか？」と聞いてみた。あるとのことである。ホッとする。しばらく雑談した後、三人でイーシントン炭鉱（Easington Colliery）跡へ向かう。ここは一九八四年の炭鉱閉鎖まで稼動していたところだ。ここに着く途中、北海を見つめながら歩いていると、老人が内陸のほうを指して、「あれはナショナル・トラストの借地農の農場家屋だ。写真を撮れ」と言う。しばらく進むと広大な手入れの行き届いた広場に着いた。ここがイーシントンの炭鉱だったところだろうか。各年度の炭鉱ストライキについて記した年代碑が個別に置かれていた。一九八四年の最後の炭鉱ストライキの年代碑もあった。

聞くとこの老人もここで働いていたのだが、一九八四年のストライキの前にリタイアしたという。彼は七二歳だ。しばらく歩いていくと、当時の炭住街なのだろうか。それでも清潔な感じの住宅街の一角にバス・ストップがあった。ここまでこの老人は私たち夫婦を連れてきてくれたのだ。しばらくするとダラム行きのバスが来た。思えばこれまでイギリスの人々に助けられながら、ここまで来たのだ。彼に感謝を込めて別れを告げた。

無事ダラムに着き、ホテルも決まった。久しぶりにダラムの旧市街地やカテドラルも見て回った。ここは大学の街としても知られている。翌九日には、再びイーシントンの海岸へ行ってみよう。そこからホーデン海岸（Horden Beach）も見ておかねばならない。翌朝は曇っていたが、気にするほどではない。ダラムのバス・ステーションから再びイーシントンのバス・ストップへ。海岸へ向かう。鉄道の陸橋を潜って、フォックス・ホウルズ（Fox Holes）を左手前に見ながら、崖地を右へ折れて進む。途中で犬を連れた大人や子供たちに出会う。ほとんどが地元の人たちと思われた。ホーデン岬に立ってみた。北海をはるか遠くまで眺めることができた。左右の崖地を見ると、下方には砂浜が、左側には崖地の突端が見え、右側には遠くホーデン海岸が、いやそれよりももっと遠くのほうまで見えるようだった。崖地の歩道は整備され、周囲はこの日、牛も羊も見かけなかったが、牧場や耕作地だ。

ホーデン岬にて

「流れを変えよう」との標語のもとに、この海岸は黒く汚れた海岸から大小の岩石が点在する美しい渚に変わった。私たちの脇を走り去った子供たち数人が、崖をすばやく駆け下りて砂浜に出た。このトラストの砂浜を元に戻した運動の記念碑もここに置かれている。

実はこの運動を推し進めるために、トラストとパートナーシップを組んだのは、地元の人々ばかりではなかった。政府機関のイングリッシュ・ネイチュアやダラム州議会およびEU政府、そしていくつかのボランティア団体が加わったのだ。

わが国でも一刻も早くこのようなパートナーシップが組まれるようになることを願わずにはおれなかった。私は歩道で出会った老人に、ビーコン・ヒルはどこにあるかと聞いてみた。思ったとおりのところを指さしてくれた。そこはダラム海岸の最も高い展望点（the highest view point）だ。再び「そのうちに観光地に！」と言ってみた。ニッコリと笑みを返してくれた。この地域も近い将来、健全な地域経済と地域社会を実現してくれるだろう。

ハニコト・エステートの海岸を歩く

ハニコト・エステートについては、「北サマセット（エクスムア）のハニコト・エステートを訪ねて」で詳しく紹介している。ただハニコト・エステート自体、一万二〇〇〇エーカーという広大な地域社会を有しており、海岸線をも含む。だからここも気候変動と海面上昇の影響を受けざるをえない。だからこれと関連してハニコト・エステートを再び訪ね、そして歩く必要があると考えた。

二〇〇五年八月一七日、私たち夫婦はハニコト・エステートを訪ねるために、ポーロックへ行った。ここは小さな海岸の保養地だ。いつの年だったか、私は海岸に出るために塩分を含む湿地帯（salt marshes）のあるほうへ歩いていった。なんとここもトラストの所有地になっていた。ハニコト・エステートは五つの村を擁する広大な大地だ。この大地にポーロックの海岸が繋がったのだ。

この日の夕方、私たちはポーロックの丘を登って行き、ポーロックの海岸とハニコト・エステートをそれぞれの眼に納めた。翌朝、私たちはここに来た挨拶もかねて、トラストのハニコト・エステート・オフィスに寄ってみた。カントリィサイド・マネジャーのナイジェル・ヘスター氏はあいにく外出中で留守だったが、旧知のアン・ランド女史がいた。彼女の話によると、海岸の浸食についてナショナル・トラストだけが国民に警告を発することができるのだと言う。それもそのはずだ。トラストの所有する海岸が浸食されつつあり、その影響を科学的に解明しうるのだから。だからこそトラストは三五〇万人以上の会員と国民の支持を背景に、「トラストは政治家と実業界のリーダーたちに、温室効果ガス(greenhouse gases)が思い切って削減されねばならないことを説得するために最善の努力をする」[3]ということを表明できるのだ。

先に記したように、私自身、トラストの本部でピーター・ニクスン氏が、海面上昇と気候変動によってトラストの海岸線が浸食されつつあると発言したことに突き動かされて、ここに来た。必要な資料も手渡されて、私たちは事務所を後にした。先ほど下車したマインヘッド行きのバス・ストップはすぐそこだ。しばらくすると乗用車が私たちの前で止まった。聞くと、バスの事故のために目的のバスが大幅に遅れるとのこと。親切にも同乗させてくれる。

マインヘッドへ向かって走りながら、私たちがヒンドン農場を起点にハニコト・エステートを歩くのだと告げると、幸いなことにこの農場を知っており、そこまで連れて行ってくれた。またイギリス人に助けられた。ヒンドン農場ではウェバー夫妻に会えた。ウェバー夫妻はこの農場を継いで三代目だ。一九九九年にトラストと有機農法を行うための契約も交わしている。二〇〇〇年には、ソイル・アソシエーションによって有機農法を行っていることも認定された。農場の半分は南のほうを向いており、ところどころは急斜面だ。後の半分は北側にあり、標高一〇〇フィートで、眼下はブリストル海峡だ。晴れた日にはウェールズが前方に見え、自然美に満ちた絶景をエンジョイできる。ここはB&Bもやっており、私自身、二〇〇三年一〇月一〇日から一二日まで行われたトラストの「スノードニア・ウィークエンド」に参加しての帰り、ここに泊まったこともある。

私たちはウェバー夫妻としばらくの間話し合った後、ヒンドン農場の歩道を辿りながら、セルワーシィ・ビーコンのある方向へ向かった。ここからはブリストル海峡が一望に開け、前方にはウェールズが見えるのだが、この日はかすかに見えた。さらに北西へ歩いていくと、はるか下のほうに砂浜が見える。この砂浜を見るのは初めてだ。海面上昇の影響如何については定かでない。しっかりと眼に焼き付けておこう。さらに進んでハールストン岬（Hurlstone Point）の手前で左折してポーロックの海岸を目指す。しばらくするとポーロックの海岸が一望に開けた。この海岸線は、私が二〇〇三年一〇月一三日にヒンドン農場に止宿した翌日に、ポーロックから海岸に出て小石でできた小高い堤（the shingle ridge or bank）の上を歩きながらハールストン岬まで辿り着いたところだ。同じ年の三月二六日には、ポーロックのトラストの海岸地で、スパークヘイズ湿地（Sparkhayes Marsh）も確かめている。しかしいずれの時にも、私が海面上昇と気候変動の影響を意識していたかどうか定かではない。ただし私たちが、この年帰国してから発行されたトラストのマガジン（The National Trust Magazine, No.105, Summer 2005）に掲載されたポーロックの海岸に関する記事（三七頁）は大変興味深い。

一九一〇年、大きな暴風雨がポーロックの築港を壊したので、防波堤が築かれた。その結果、一方では砂浜に小石が積み上げられ、他方では海岸が浸食されたという。私が先にポーロックの海岸の小石でできた小高い堤と言ったのがそれである。ついに一九九〇年までに広い小石の浜であったところが次第に狭くなってきた。ブルドーザーでもっとたくさん小石を浜に入れるのを望む人が多かったのだが、トラストは試みにそのままにすることにした。潮流と海流の巨大な力には抗すべくもない。自然の流れに従おうというわけである。防波堤が築かれていないから、小石でできた堤は破れ、地面に海水が溢れ始めた。これは失敗だったのか。ナイジェル・ヘスター氏は先に記したマガジンの中で次のように語っている。

「大地自体、エネルギーのスポンジのようなものだ。それだけではない。今ここには新たな海水の湿地帯ができている。植物の種類は増え、これまでめったに来なかった渉禽類の鳥やカモなどの群れがやって来る」。

これは良い変化の一つだろう。というのは海岸線にある肥沃度の低い農場を維持するよりも、生物多様性のより豊かな土地を持つほうがより賢明だからだ。

それはとにかく、ハニコト・エステートから遠く見下ろすポーロックの海岸の砂浜が狭くなっているのではという私の危惧は当たっていたのだが、この砂浜がもっと広かったのだということは知る由もなかった。翌一九日には、ポーロックからさほど遠くないリンマスに行ってみることにしよう。そこからかつて歩いたウォータースミート（Watersmeet）とフォアランド岬（Foreland Point）をもう一度確かめてみよう。そうすれば何か新しい事実をつかめるかもしれない。

ウォータースミートとフォアランド岬

二〇〇五年八月一九日、午前中にバスでリンマスに到着。ほぼ一〇年前の一九九六年八月七日、私はA39号線にかかる橋から左手にリンマスの小さな港を見ながら右に折れ、川沿いにある林道を数キロ歩いてウォータースミート・ハウスに着いたことがある。この建物はトラストのショップやレストラン、そしてインフォメーション・センターも兼ねている。

ウォータースミート自体、トラストが第二次世界大戦前、ここを獲得するために地元の人々と一緒に努力したところである。そういうこともあって、私には大変印象深いところだ。現在ではカウンティスベリィ（Countisbury）とフォアランドと一続きになっている広大な大地である。私はここのインフォメーションで、カウンティスベリィとフォアランド岬へ行くための道筋を教えてもらった。カウンティスベリィの森林を登っていき、やがて牧場や耕作地に出てA39号線を横切って、晴天下フォアランド岬に立つことができた。ここから見る紺碧のブリストル海峡の眺望は今でも忘れられない。

この日、八月一九日には私たちはリンマスとウォータースミートの間を往復しただけだったが、次のことに気づいた。歩道の位置が何カ所か変わっていた。それでもトラストのこの地では、いわゆる公共工事も、河川工事も行われていない。自然は自ら変わる。それに逆らわず自然の変化に順応し適応するのが、自然の子として人間の行うべき最善の道であろう。少なくとも自然現象に逆らうべきではない。

リンマスに帰り着いた私たちは、満潮時と思われる夕刻にリンマス港を歩いてみた。波打ち際では波しぶきが岸壁に打ち付けている。もう少し海面が上昇すれば、陸地に海水が溢れるのではないかと思われた。翌二〇日早朝、私たちは再びリンマスの海岸に立った。潮位が道路ギリギリのところに来ている。向かい側のフォアランド岬では、波しぶきが岸壁に打ち付けているのが良く見えた。手前の砂浜は満潮のためにほとんどなくなっている。この砂浜にいるのは危険だ。

リンマスの海岸から見るフォアランド岬

このたび私がリンマスを再び訪ねたのには他にも理由があった。リンマスでは過去に洪水があり、大災害を引き起している。ここにはその時の写真を展示したミュージアムがある。もう一度見ておきたかったのである。

一九五二年に起きたこの水害は凄まじかった。二度と起きてはならない大災害である。この水害が自然災害だったかどうか私には分からない。再びこの種の災害がないとは言えまい。万一、洪水が起きることは十分に考えられる。ウォータースミートには、護岸工事も公共工事も施されてはいない。しかし今となっては気候変動による大水害や暴風雨に見舞われることも十分に考えておかねばならない。そればかりではない。海では海面上昇、高潮と津波が同時に発生することも考えられる。

イギリス滞在中、私はドーセットシァのスタッドランド（Studland）で南岸部が年々二～三メートルずつ浸食されつつあるのを知った。この六キロメートルに及ぶ砂浜はボーンマスとプールの対岸にある海岸で、一年間に一〇〇万人以上の人々が訪ねる観光地である。私もかつてこの砂浜を歩いたことがある。二二日朝、私たちはロンドンのウォータールー駅から列車に乗り込んでいた。天気は何とかもちそうである。

スタッドランドの海岸を歩く

列車に乗り込んだ私たちは、どちらの駅で降りるのか決めかねていた。結局ボーンマス駅とプール駅を乗り越して、ウェァアム（Wareham）駅で降りることにした。ウェァアム駅からタクシーに乗った私たちはコーフ城で降りた。現在のコーフ城の面積は約八〇五〇エーカー（二〇〇五年現在）であり、スタッドランドを含めて一九八二年に贈与された。この事実をわが国の新聞紙上で知った私は、早速妻と同伴で一九八二年三月にここを訪ねている。コーフ城が、私のナショナル・トラスト研究を志す一つの契機を与えたのだと言ってもよい。もう二〇年以上も前のことになるが、私たち夫婦が初めてイギリスを訪れ、そしてコーフ城を訪ねた時のコースを辿って見たかったのである。当時の記憶を辿りながらしばらくすると、スウォニッジ行きのバスが来た。スウォニッジで再びバスに乗り継いで、スタッドランドの南岸部の近くで降りた。

私たちは岸辺に立った。南のほうは岩石と山林に覆われており、砂浜は狭い。もう少し進むと渚

スタッドランド

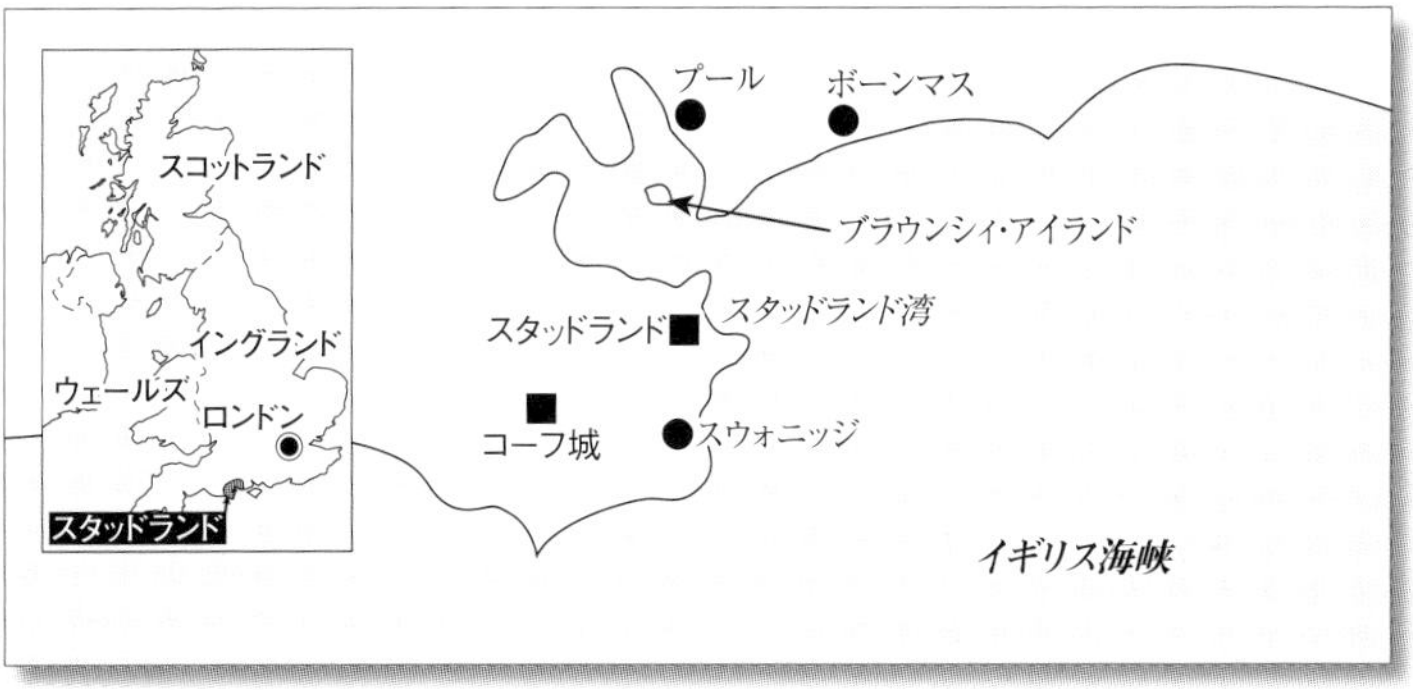

が消失しているではないか。この時は確かに引き潮時だった。満潮時になれば、わずかに残された砂浜も無くなるに違いない。見ると護岸工事が施されている。わが国でよく見かけるコンクリートやテトラポットによる大げさな護岸工事ではない。それらはあくまでも暫定的な措置である。護岸のための大規模工事は海岸を醜くし、この問題を他の海岸へ移すことによって、問題を一層深刻にする。護岸工事は最後の手段として使用されるべきだ。だからこのような大規模な護岸工事は取り壊して、過去の過ちを繰り返してはならない。このようにトラストは考えている。

先に記したように、南岸部は年々二～三メートルずつ浸食されている。幸い北岸部では砂が堆積されて砂浜が広くなっている。したがってこの海岸は全体的に損失を被っているわけではない。しかし南岸部では海岸が浸食されつつあり、カフェ、ショップ、トイレ、駐車場、そして観光客が所有している休息小屋（beach huts）が危機に瀕している。トラストがこれらの休息小屋を二度も移動させ、現在は他の建物とインフラの多くも移動させる方法を考慮中だという場所も見た。

スタッドランド南岸部の暫定的な護岸工事

自然の変化に順応し、かつ適応していきながら、レクリエーションのためのスペースと、海岸へのアクセスを確保しているトラストの実践の場をこの眼で確かめたことは貴重である。

それから同じドーセットシァのゴールデン・キャップを私たちは二〇〇三年八月一五日に訪ねた。この時の目的は、イギリスでもわが国と同じく、程度の差こそあれ、農村の衰退は著しい。そこでトラストがオープン・カントリィサイドを維持し、保護しつつあるのをこの眼で確かめ、農村地帯の持つ重要性を実感するためだった。その後ブランスクームを歩いたのも、その目的は同じだった。だがゴールデン・キャップでもブランスクームでも、見過ごすことのできない体験をしたのだった。ここではゴールデン・キャップについてトラストが要領を得た報告をしている。紹介しておこう。

「ここの海岸は浸食し続けているが、気候変動によって浸食が年に二メートル以上に増加しそうだ。トラストは最近、この海岸の崖地が浸食しているので、ここの自治体と歩道を二五メートルまで下げることに同意した」[4]。このことの事情については、「ゴールデン・キャップとブランスクームへ」のゴールデン・キャップでの私の体験を思い出していただきたい。

その他にリヴァプールの北のほうにあるフォーンビィ・サンズ（Formby Sands）に関する記述もある。

もう三〇年近く前になるが、私の訳書『ナショナル・トラストの誕生』（緑風出版、一九九二年）の著者グレアム・マーフィ氏に連れられて、この砂浜に来たことがある。この砂浜に立った私は、彼に「トラストは都市に殴り込みをかけたな」と言った。だがここはこのことを論じる場ではない。この時の私の関心は、トラストが都市化を阻止するための行動に出つつあることから発せられたものであった。この重要問題については、編を改めて考察しなければならない。本章では、気候変動による海面上昇がトラストの海岸にいかなる影響を及ぼしつつあるのか、そしてそれに対してトラストがどのように対処しつつあるのかに主たる関心を向けてきた。次章では、さらにフィールド・ワークを重ねてこのことの持つ意味と意義をもっと深く理解したい。

第二章 再びナショナル・トラストの海岸線を行く

前章「ナショナル・トラストの海岸線を歩く」において私たちは、イギリスでも日本でも、岩石やコンクリート、そしてテトラポット、果てはケーソンで護岸工事が施され、防波堤が築かれているが、それらは結局無駄であるか、あるいはむしろ有害であることを知った。トラストの言うように、「証拠と経験によって、われわれは現在、自然の力がいかに大きく、そして自然に逆らうことがいかなる結果を生むことになるかをより正しく理解するに至った」という言葉を私たちは反芻すべきだ。

トラストの海岸線の一一二六キロメートルのうち浸食を受けている海岸線は六〇八キロメートル（統計上不備な北アイルランドの海岸線を除く）に及んでいる。これに比べれば私のこれまで歩いてきた距離はあまりにも短い。私自身、前章を書き終えた後、気候変動による海面上昇と海岸の変化の持つ意味をもっと探りたいという気持ちを抑えられなかった。そのような時、私は二〇〇五年末、トラストから二〇〇六年二月二二日にトラストによって開催される講演会に参加するようにとの招状を受け取った。この講演会は、一九六五年にトラストによって開始された海岸買取運動であるエンタープライズ・ネプチューンに関するものであった。この運動の成果は目覚しく、現在ではイギリス（スコットランドを除く）の全海岸線の約二三％をトラストが所有し、守りつつあることは先に触れたとおりだ。

ついでながらわが国の事情について言えば、この一九六五年のエンタプライズ・ネプチューン・キャンペーンの挙行にほぼ二〇年遅れて制定されることになった一九八七年のリゾート法（総合保養地域整備法）が思い起こされる。これがリゾート産業の振興と国民経済の均衡的発展を推進するための多様な余暇活動を楽しめる場を、民間事業者の能力の活用を重点に置いて総合的に整備することを目指し、制定された法律であった（ＥＩＣネット　環境用語集「リゾート法1」一ページ）ことを思い出す人々は多いかもしれない。しかしこの法律が建て前とは裏腹に、大規模な自然破壊を引き起こすとして、その制定に強い反対運動が生じたことも紛れもない事実だ。リゾート法の内容も含め、都市経済論的手法でもってリゾート産業の振興や、国民経済の均衡的発展を目指す限り、心の癒しの効果も、国民経済の均衡的発展も期待されそうもない。私には未だにこのリゾート法の持つ負の側面しか思い出せないのである。

私は二〇〇六年二月二二日、ロンドンのトリニティ・ハウスで開催されるトラストの講演会に参加した後、トラストの海岸線を、そして今度はトラスト以外の海岸線をも歩く計画を立てた。私たち夫婦が成田空港を立ったのは二月一九日だった。

ナショナル・トラスト本部

二〇〇六年二月二〇日、ロンドンのホテルでの朝食時、同席したウェールズからの初老の紳士との会話は興味深かった。彼はトラストの会員ではなかった。しかしトラストに対して強い興味を示すと同時に、農業部門の重要性を強調し、食料は自国で自給されるべきだと強調した。ただトラストのカントリィ・ハウスについては、それほど重視していなかった。そこで私はカントリィ・ハウスの持つ歴史的意義を強調するとともに、これらの館は本来、周囲の村全体の共同社会と一体となっているのだということを付け加えた。幸いに彼が私の考えに同意してくれたことは嬉しかった。

翌二一日午前中に、まずスウィンドンにあるトラスト本部のレコード・オフィスを訪ねるためにロンドン・パディントン駅へ。一九六五年に開始された海岸買取運動であるエンタプライズ・ネプチューンに関する資料を得るためである。トラストの本部がロンドンからスウィンドンへ本格的に移転したのは二〇〇五年七月だ。移転してから一年も満たない。膨大な資料のうち、私が要請した資料はわずかな資料を除いてまだ見つからないと言う。見つかり次第、日本へ送ってくれるという。

昼食のために食堂へ行くと、折よく前年に会った農業部門担当責任者のロブ・マクリン氏がやって来た。彼にはかねてから質問をし、確かめておきたいことがあった。というのは二〇〇四年九月一〇日、私たち夫婦は北ヨークシァの僻遠の地にあるマラム・ターン（Malham Tarn）の湖畔にあるトラストの事務所を訪ねたことがある。トラストがこの山岳地帯にある僻遠の地を農業用地を含め自然自体をいかに守り育てているのかを確認したかったからである。幸いに事務所には監視員のトニー・バロウ氏と資産管理人（Property Manager）のマーティン・デイヴィズ氏がいた。しばらく二人の話を聞いた後に、監視員のバロウ氏が私たちを車に乗せて、ラムサール条約に指定されているマラム・ターンをはじめ、周囲の広大なトラストのマラム・ターン・エステートを案内してくれた。

時々降る小雨の中で眺めるマラム・ターンの自然のままの美しさは深い幽玄の中に包まれており、周囲のトラストの大地は十分管理された森林地と農業用地、そして荒野を思わせる自然の景観に満ちたオープン・カントリィサイドであった。これこそは癒しの場だ。時々ハイカーたちも見かけた。ここでは人と生きとし生けるものすべてが大地の上にしっかりと根を張って息づいているのがわかる。事務所での話でも、車上からの印象からでも、トラストの北ヨークシァの大地が確実に増えつつあるのを実感できた。二〇〇五年までのマラム・ターン・エステートの面積は約七二〇〇エーカーだ。この大地に、その東方に位置するトラストのウォーフデイル（Wharfdale）の土地を加えるともっと広大だ。

ナショナル・トラスト本部にてロブ・マクリン氏へインタビュー

ロブ・マクリン氏によると、この大地に三〇の農場があり、三〇名のトラストの借地農がそれぞれの農場を農業労働者を雇用しながら管理・運営しているという。知られるようにWTO（世界貿易機関）下、グローバリズムが推し進められる中で、ＥＵのＣＡＰ（共通農業政策）による農業環境保護政策も影響を受けざるをえない。世界経済がグローバリズムへと推し進められるにしても、農産物貿易までグローバル化が推し進められるべきかどうか大いに疑わしい。

同氏によれば、自由貿易下、トラストの農業部門も影響を受けるが、とにかく三〇名の借地農たちは、いずれも重大な問題を抱えることなく農業に従事しているという。トラストが借地農を採用する場合、むしろトラスト側が彼らを選択できるとはロブ・マクリン氏の言葉であるが、他の所でも私はそう言われた。それでは農業労働者についてはどうか。マラム・ターン・エステートにしても、ウォーフデイルにしても、僻遠の地である。私自身、マラム・ターン・エステートの事務所でこのことを聞くのをついうっかり忘れていた。同氏によれば、農業労働者の募集に困ることはないという。

農業部門は地域経済の骨格をなす。農業が衰退し、ついに一国経済から脱落するとなれば、これは一体何を意味するか。地域経済の再生を、すなわち国民経済の健全化を、都市経済論的思考や手法で実現しようという経済政策も、結局は工業化と都市化を助長し、ついには農業部門を、そして地域経済を衰退へと追いやるものでしかない。言うまでもないが、工業化と都市化が資源を浪費し、ついには農業部門を衰退へと追いやるものであることは、私が「イギリスの貿易政策と産業構造の歪曲化―農業部門との関連において―」（埼玉大学『社会科学論集』、第六八号、平成元年）を執筆する過程で、痛切に感じ取ったことである。因みに二〇〇三年におけるイギリス（スコットランドを含む）と日本の農産物自給率、農業人口の対経済活動総人口比、国土面積に占める農地の割合を示すと次のとおりだ。イギリスの場合、それぞれ九六・五％、一・七％、六九・六％であるのに対して、日本の場合、それぞれ四五・二五％、三・四％、一三・七％である。それから第一次産業従事者一人当たりの農地面積を示すと、イギリスの場合三三・八ヘクタールで、日本の場合は二・二ヘクタールである。(1)

周知のように日本の農業は国内生産、就業者や農地も減り続け、食糧自給率（カロリーベース）も、これまで辛うじて四〇％台を保っていたのが、ついに二〇〇六年度には四〇％を割り三九％になった。これは一体何を意味するのか。二〇〇七年度からいわゆる品目横断的経営安定対策が実施された。これはこれまでの全農家対象の政策を廃止し、一定の経営規模以上の「担い手」に限って支援するものである。これが農産物の自由化のもと、とうてい国際競争力に耐えうるとは考えられない。このように考えると、これからも日本農業の衰退は避けられそうもない。これこそは国土の荒廃を推進するものだと言うしかないのである。

翌二月二二日には、午後六時から行われたロンドン塔に近いトリニティ・ハウスでのトラストの講演会に参加。この時の講演は、二〇〇五年のエンタプライズ・ネプチューン・キャンペーンの四〇周年祭の後を受けて行われたものであった。講演会は午後七時半頃に終わり、その後立食パーティ（buffet supper）が始まった。講演会の後で理事長のフィオナ・レイノルズ夫人と自然保護担当理事のピーター・ニクスン氏とも会えた。私は両氏に二〇〇六年三月二九日、ＮＰＯ法人「奥山保全トラスト」が設立されることを報告した。二〇〇七年二月には、日本熊森協会一〇周年および奥山保全トラスト一周年記念祭（二〇〇七年三月二五日）のために理事長からメッセージが届けられた。「奥

開発により壊された海岸（1965～1995年）

イングランド南西部	－5.0％	42マイル
イースト・アングリア	－5.9％	26マイル
イングランド北西部	－9.4％	25マイル
ウェールズ	－7.0％	56マイル
合　　計		149マイル

注）統計不備のため北アイルランドは除く
資料）John Whittow & David Pinder, *Saving Our Coast 40 years of the Neptune Campaign*, (The National Trust, 2005) p.57より作成。

山保全トラスト」は、日本熊森協会の一〇年にわたる運動を経て初めて誕生した。

なお一九六五年に開始されたエンタプライズ・ネプチューンについては、その詳細を他の機会を捉えて報告しなければならないが、ここでは必要と思われる部分を簡潔に紹介しておこう。

一九六五年、エンタプライズ・ネプチューンが開始された時、その目標は次の三つに絞られた。(1)まだ壊されていない海岸線を永久に守り、そしてそこに一般大衆がアクセスできるように獲得すること、(2)海岸が脅威に晒されていることに国民の注意を向けさせること、(3)まだ壊されていない海岸線を購買するために、まず二〇〇万ポンド――当時では極めて多額の資金――を集めることであった。

そこでイングランド、ウェールズ、そして北アイルランドの海岸線合計三〇八六マイルのうち九〇〇マイルがトラストの獲得すべき海岸線であると決定された。ここで注意すべきは目標マイル数九〇〇マイルのうち一八七マイルは、すでにネプチューンが開始される前にトラストによって確保されていたということだ。この七〇年間の貴重なトラストの経験が力を発揮するはずだ。

二〇〇五年九月には、ついに合計七〇四マイルが獲得された。目標まで後一九六マイルだ。確実にその目標は達成されるだろう。私がナショナル・トラストのロンドンの本部（現在のロンドン事務所）を初めて訪れたのは一九八五年五月一七日だった。この年にネプチューンの第二弾が開始されていた。この時トラストの保護下にある海岸線は、目標マイル数の半分の約四五〇マイルに達していた。今や目標の九〇〇マイルに届きそうな勢いである。

ただし次の事実にも注意しておかねばならない。確かに近来、一般大衆の自然環境破壊への警戒心は高まっているが、一九六五年から一九九五年の間に一四九マイル以上のイギリスの海岸線が開発のためになくなった。だからネプチューンの成功を祝うにしても、トラストの努力は重大な挑戦を受けつつ、行われているのだ。

ここで次のことも記しておこう。一九六五年、トラストがネプチューン・キャンペーンを開始した時には、トラストの関心は海岸の浸食ではなくて、当時爆発的な勢いで広がっていたリゾートのための建築ラッシュから海岸を守ることだった。しかし一九八〇年代後半から一九九〇年代半ばに至ると、トラストも気候変動と地球温暖化に伴う海面上昇の危機に重大な関心を向けざるをえなくなった。

かくしてネプチューン・キャンペーンも海面上昇と気候変動に適応しながら、海岸地を獲得し、かつ守ることに標的が定められることになったのである。(2)

イギリスの海岸、そしてトラストの海岸を歩く

「技術者を呼んで、裂け目にコンクリートを流し込んだり、より高い防波堤を築き、さらにその防波堤にもう一つの厚板を加え、またノルウェーから巨大な岩石を船で運び、それから波の力を抑えるために沖合いに投げ込むのは簡単だ。しかしそれらが行われたところに行ってみれば、そこがすっかり壊されているのが分かるはずだ。イースト・サセックスのペヴェンシィ湾か、あるいはボーンマスの海岸を歩いてみるがいい」[3]。地図を見ると、ペヴェンシィ湾はイーストボーンの東方にあり、トラストの白亜の岸壁で有名なセブン・シスターズは西方にある。ここは強行すれば一日で歩けそうだ。トリニティ・ハウスでの講演会の翌朝、二〇〇六年二月二三日に訪ねることにする。

イーストボーンからペヴェンシィ湾へ

二〇〇六年二月二三日、午前九時四七分発のイーストボーン駅行きの列車に乗るためにロンドン・ヴィクトリア駅へ。この日も天気が悪い。イーストボーン駅に近づくと雪混じりである。終点のイーストボーン駅に着くと、運良く駅頭にタクシーが待っている。バスを待つ時間的余裕がない。早速タクシーに乗り込む。外国人である私たち夫婦がペヴェンシィ湾へ行きたいと告げると、若いドライバーは怪訝な顔をする。私たちの理由を察してくれた彼は、それなら手前のラングニィ・ポイントで降りるべきだと教えてくれる。

着くと相変わらず天気は悪いが、何とか歩けそうだ。海岸に立つと左側にペヴェンシィ湾が開

け、右側にはイーストボーンの街並みが見える。浜辺には写真にあるとおり、錆付いた醜い防波堤（groynes）がどこまでも続く。辺りには誰もいない。満潮時には、波が海岸に沿って建っているアパート群（flats）に押し寄せそうだ。偶然に通りかかった男性に尋ねると、私の考えは間違ってはいなかった。トラストの証拠と経験を再確認して、今度はイーストボーンのピア（Pier）へ向けて歩いて帰ることにする。数知れない防波堤を確認するためだった。思い起こせば、私はボーンマスの海岸を一九八五年五月に何回となく歩いている。あの時、ボーンマスの浜辺からプール湾までの間に数多くの防波堤が置かれていることを奇異に感じながら、それ以上に詮索しようとしなかったし、これらが防波堤であることさえも知らなかった。

ぺヴェンシィ湾にて錆付いた防波堤を見る

このような気持ちを抱きながらピアのところまで行き着き、それからイーストボーン駅にようやく着いた。いよいよここからセブン・シスターズへ行かねばならない。まずは目指すバーリング・ギャップ（Birling Gap）へ。

バーリング・ギャップとセブン・シスターズ

夏期にはバスが走っているが、今は走っていない。タクシーを使うことにする。着いたのは午後二時頃だった。幸いにここの小さなホテルは営業中だ。しばらく小休止して、当面不要な荷物をホテルに預かってもらいセブン・シスターズの白亜の崖地を歩くことにする。ここはあまりにも有名だ。私もかつてこの地を一日かけて歩いたことがある。(4) 今度は少なくとも二時間かけて、この断崖の地を歩いてみたい。前方はイギリス海峡がどこまでも広がり、後方には広大な丘陵地が控えている。セブン・シスターズの白亜の崖地の歩道に沿って、できればかつてこの眼に納めたカックミア川の辺りまで行ってみよう。雪混じりの中、カックミアの河口にまでは至ることができなかったが、セブン・シスターズを含め、この大地を一望に納めることができた。

この大地は第二次世界大戦前から何回にもわたり確保されてきたのであって、一九六五年以降はエンタプライズ・ネプチューン基金も含めて、その守備範囲を増大させてきたところである。このトラストの広大な大地は牧場や放牧地、そして農耕地など農業用地であり、かつグリーン・ツーリズム、ひいては癒しの場でもある。もう少し先には村落地がある。人と生きとし生けるものすべてが息づいている。それと同時にトラストがここだけでなく、崖地や砂浜、干潟、砂丘、そして農業用地や入江などを含めて、海岸にある様々な自然の特色を保護・管理していることは明らかなとおりだ。

それればかりではない。トラストは港湾や住宅地、防波堤、それに灯台のような広い範囲にわたるインフラまでも管理・運営している。そして今やトラストは多くの場所で変化しつつある海岸線に順応しながら、海面上昇と海岸の浸食に立ち向かっていることは、すでに見たとおりだ。その結果、「これらの変化しつつある場所の体験から、最も効果的な順応の仕方を学び取り、それらをイギリス

バーリング・ギャップ（ここの崖地は移動するがままに置かれている）

全土にあるトラストの海岸に早急に適用しなければならない(5)」と言っている。

さてここでバーリング・ギャップで、そしてセブン・シスターズの大きく起伏する丘陵地の歩道を歩きながら、私たち夫婦が得た貴重な体験を述べなければならない。まずトラストがバーリング・ギャップで最も厳しい選択をしなければならなかった事実を私たちは目撃した。トラストはここでは崖地が崩れるのを防いで、時間を稼いだり、あるいは建物の場所を移したりはしなかった。事実、二〇〇二年にトラストは崖っぷちにある沿岸警備隊用の家屋の一つを壊したのだ。トラストはまた先に記した小さなホテルといくつかのコテッジも持っている。「我々のとるべき道は、ここの海岸線が自然のままに変化し、そして防備を施されていない崖地が移動するままにしておく(6)」ことである事実を、私たちは直接眼にした。ただ私がある日、友人とこの地を歩いた時、イギリスのある若者が「この崖地に沿っている歩道は、確実に崖地に近づいている」と言ったことを付け加えておこう。この時、私はこの現象を自然現象とのみ考えていたようだ。

プール、ボーンマス海岸へ

翌二月二四日には、ボーンマスの海岸を歩くことにした。ロンドン・ウォータールー駅を午前一〇時五分に発車するプール行きの列車に乗る。二時間を要してボーンマス駅に着く。その足で私がかつて住んだことのあるカンフォード・クリフス(Canford Cliffs)へ向かう。ここからは地名のとおり、ボーンマスの海岸に近い。昼時だったので、一度だけ入ったことのあるフランス料理店に入ってみた。

ボーンマス海岸にて(浚渫用の巨大なパイプ)

レストランの中は老人客で賑わっていた。ボーンマスにはリタイア後の豊かな老人たちが多く住んでいるということを聞いたことがあるが、これらの老人たちがイギリス経済の活況化に一役買っているのではないかと思われた。このような経験はデヴォンシァのトラストのブランスクームを歩いた翌日、シドマス(Sidmouth)行きのバスに乗った時も、またエクスマス行きのバスに乗った時も、次々と老夫婦、あるいは老人たちが乗り込んできた。このような体験は二〇〇四年八月二四日、コーンウォールのファルマスのティー・ショップでも同じだった。ここではある老人が「余生を楽しまなければ」と私に言ったのをはっきりと覚えている。老人たちの果たすべき社会経済的役割を積極的に考える動機を与えられたといってよいのだが、一体わが国ではこのような動機を得られるのだろうか。

このような思いも抱きながら、私たちはボーンマスの海岸へ向かった。懐かしいカンフォード・クリフスへ。二〇年来の周辺の風景はほとんど変わっていない。やがて海が見え、カンフォード・クリフスの見晴し台に立つ。右にはプール港が控え、かすかにトラストのコーフ城が見えるようだ。手前には同じくトラストの五キロメートルほどのスタッドランドの砂浜が見える。その向こう側はスウォニッジ湾だ。左のほうには、この日はボーンマスの街がかすかに見えた。

しばらくして浜辺に下りる。はじめのうちは雪混じりだったが、日が射してくる。しかし風が強くて寒い。しかもボーンマスへは向かい風だ。プールとボーンマスの砂浜にはプロムナードが設けられており、以前にはそこから無数の防波堤が築かれていたのだが、今はもうない。よく見ると、私がこのプロムナードを歩いた頃に比べて砂浜が広くなっている。一時的にこれらの防波堤は取り外されたのだろうか。強風の中をしばらく進むと、「プール港とプール港の入口から浚渫された一一〇万立方メートルの土砂（beach material）が、プール、ボーンマスおよびスウォニッジの砂浜を浸食から守るために、それらの砂浜に置かれる」との趣旨の詳細な行政当局の掲示板が見られた。それによると一九世紀後半と二〇世紀初頭にプールとボーンマスの砂浜にプロムナードと防波堤を建設して、崖地を砂浜の浸食から守ることが決定された。その結果、崖地の上と砂浜に建物を建てることが許可された。しかし運悪くこのプロムナードと防波堤を作ったために岸辺に土砂が運ばれなくなった。

そこで建物とプロムナードを守り、そして海岸の美しさを保つためには補強が必要になったというわけである。

そのためにプール港と、フェリーが往復しているプール港の入口から浚渫機で海底の土砂を浚って、その土砂を砂浜に移そうというのである。それにここは浅海なので、写真に見られる長くて太いパイプを用いて、浚渫機で浚った土砂を砂浜に移動させる必要があるというのだ。私たちがカンフォード・クリフスを下りて、プロムナードを歩きながら、広い砂浜に出ると、パイプがあった。近くにはパイプによって運ばれてきた大量の土砂をならすためのブルドーザーも見えた。工事中、不測の事態が起きないように細心の注意が払われるのは当然だが、土砂が運ばれてくる砂浜だけは一時的に閉鎖されるという。ただしプールとボーンマスの海岸のプロムナードは工事中でも開放されている。

この工事のパートナーは、プール・ハーバー・コミッショナーズ（ＰＨＣ）、プール、ボーンマスおよびパーベック（Purbeck）の各地方評議会などである。前者はプール湾を深くすることを望み、後者はそれぞれ砂浜を補強するための土砂を必要としている。工事は二〇〇五年一一月に開始され、二〇〇六年四月後半には完成する予定だという。

砂浜の補強工事に要する費用は、環境食糧省（Defra, Department for Environment, Food and Rural Affairs）が負担するが、プール湾の浚渫工事に要する費用の大部分はＰＨＣが負担する。なお環境食糧省も浚渫工事に要する費用の一定割合を負担する。なおパーベック地方評議会が管轄するスウォニッジ湾には、新しい土砂が海中に流失しないように新しい木造の防波堤が作られるという。プール市当局は土砂が流失しない方法を研究しているが、それは防波堤（木造または岩石）か、または沖合いに消波堤を作ることになろう。この研究は二〇〇六年夏には終り、環境食糧省の許可を得て建設事業は二〇〇六年遅くには開始されるだろう。

その他プール湾の浚渫工事の現場にある一七世紀の頃と思われる難破船についての慎重な扱いについての記述もあるが、これについては省略せざるをえない。

以上、気候変動と海面上昇による海岸の浸食に対するイギリス政府・行政の対応の仕方の一端を、わが国の政府・行政の対応と比較することも含めて、イギリスの政府・行政側の説明を利用しながら、やや詳しく紹介してみた。ここで二点だけを取り上げて、ナショナル・トラストの海岸の浸食に対する対応の仕方と政府・行政側の対応の仕方の相違を明らかにしつつ、その対応の相違によって、その結果が当然異なるはずだが、その場合政府・行政側とトラストとの間の関係がいかなる展開を示すことになるかを私なりに想定してみた。

まず第一に、地図でも明らかなように、トラストのスタッドランド湾はプール港とスウォニッジ湾の間にあるにもかかわらず、上記のプロジェクトには加わっていない。トラストの考え方は、くり返すが「海岸の変動に対するこれまでのイギリスの対策は、岩石やコンクリートで強力な対応策をとることであった。……しかし海面上昇と強力な暴風雨が増えるにつれて、このような防御物を作り、それを維持するのはますます困難となり、かつ費用もかかる。それらはまた海岸を台無しにし、そして問題を他の海岸へ移してさらに環境破壊を引き起す。それ故に強力な防御物は最後の手段としてのみ使うべきである」。ここにトラストの海岸変動に対する基本的な方針が、変化に逆らうのではなく、その変化に順応しながら、人間をはじめ他の動植物のための持続可能な解決策を探求することであることが分かる。

したがってスタッドランド湾では、南岸部では暫定的な護岸工事が施され、その他南岸部で砂浜が浸食されているところでは、カフェ、ショップ、トイレ、駐車場などを二度も移動させ、現在は他の建物とインフラの多くも移動させる方法を考慮中だ。幸い北岸部は砂が堆積されて砂浜が広くなっており、全体的に損失を被っているわけではない。しかし今やスタッドランドの至近距離で、政府・行政側による浚渫工事と砂浜の補強工事が進行中である。かかる工事に対する政府・行政側の説明からしても、スタッドランド湾に対する影響がないとはどうしても考えにくい。

それに一九六二年にトラストに譲渡されたプール港に浮かぶブラウンシィ・アイランド（五五〇エーカー）は、私は一度だけ渡ったことがあるが、ボーイ・スカウトのゆかりの島でもある。この島もすでに海岸が浸食されて、ホリデー・コテッジが消失する危機に瀕しているのだが(7)、それ以上の影響を受けないとは決して言えまい。近い将来、トラストと政府・行政とが対峙する時が来るかもしれないのである。

それからプールとボーンマスの海岸のうち、ある距離までは砂浜が広くなっており、防波堤も取り外されている。ここは上記のとおり然るべき時に防波堤か、あるいは沖合いに消波堤が作られることになろう。ボーンマスの現在まだある木造の防波堤は、あと一〇年くらいは持つという。その後どうするかは未定だが、その時は然るべき配慮が払われるとは政府・行政側の説明である。

前者の新たな防波堤あるいは消波堤が作られる場合、それらがスタッドランド湾になんらかの影響も及ぼさないとは到底考えられない。後者の場合、然るべき考慮が払われるのだから、政府・行政がトラストに相談あるいはアドバイスを求めることは当然あるだろう。このことについては、この年二〇〇六年二月二一日、トラストの本部で会ったロブ・マクリン氏が農業環境保護政策について、政府とトラストとは良好なパートナーシップを保っていることを強調したところだ。むしろ政府・行政がトラストへアドバイスを求めているのだと言っている。

このように考える時、プールとボーンマスの海岸で生じている上記の問題について、もし政府・行政とトラストとの間に困難が生じた場合、政府・行政とトラストとがいたずらに対立するのではなく、前向きの姿勢で話し合いを持ち、然るべき後にパートナーシップを組んで国民的立場から然るべき解決策を見い出すに違いない。私はそのように考えている。

ノージィ島

ボーンマスからロンドンに帰り着いた頃はもう暗くなっていた。翌二五日にはエセックス州のブラックウォーターの入り江に浮かぶノージィ島へ行く。最寄りのチェルムズファド駅はロンドン・リヴァプール・ストリート駅から三〇分位で着く。ここからバスでモルドン（Moldon）へ。そこからタクシーでノージィ島へ。トラストのサウス・ハウス農場（約二〇三エーカー）を通過して、ノージィ島の前で降りる。この島（三〇〇エーカー）は植物が群生する湿地（salt-marsh）と鳥類が越冬するための自然保存地である。この島と上記の農場は、一九七八年に一緒にトラストへ贈与された。眼の前はノージィ島だ。この時は干潮時だった。しかしタクシーのドライバーによると、この辺りは満潮時になると、海水が溢れると言う。島へ渡れば帰りが不可能となろう。やむなく他日を期すことにした。ここを訪ねたかったのには次の理由もあった。

一九九一年、トラストは政府関係機関のイングリッシュ・ネイチュアと環境食糧省の環境局（the Environment Agency）と共同して、このノージィ島の一部にある防波堤をこれまでよりも低くして海水を流し込み、その結果これまでの塩分を含んだ湿地帯が再生するかどうかを試みることにした。これはトラストとしては最初の試みだったが、これは成功した。そして多くのタイプの動植物が生息するようになったという。(8) この日のノージィ島への訪問は、満潮時に海水が内陸へ溢れている事実も、既設の防波堤を低くして、再び元の湿地になった事実もこの眼で確かめることができなかった。この滞英期間中に再び訪ねることができると考えていたのだが、そのチャンスはついに来なかった。

ドッドマン

二六日は曇り。ロンドンで一日を過ごす。翌二七日には何年にもわたって待ち焦がれていたコーンウォール南岸のドッドマン岬の先端に立ってみたい。私自身、どういうわけかこの地の公共交通機関に不案内なままに、これまでこの岬に立てないできた。今度こそなんとしてでも立たねばならない。というのは歴史家で高名なトレヴェリアンが一九二九年に『イギリスの美しさは滅びねばならないのか』（*Must England's Beauty Perish?*）を刊行し、この中で「トラストの方針――土地」（The Trust Policy: Lands）の項目を設けて、トラストの農業活動について述べているからだ。この記述部分については、私の著書『ナショナル・トラストの軌跡――一八九五～一九四五年』にも引用したが、その

ドッドマン

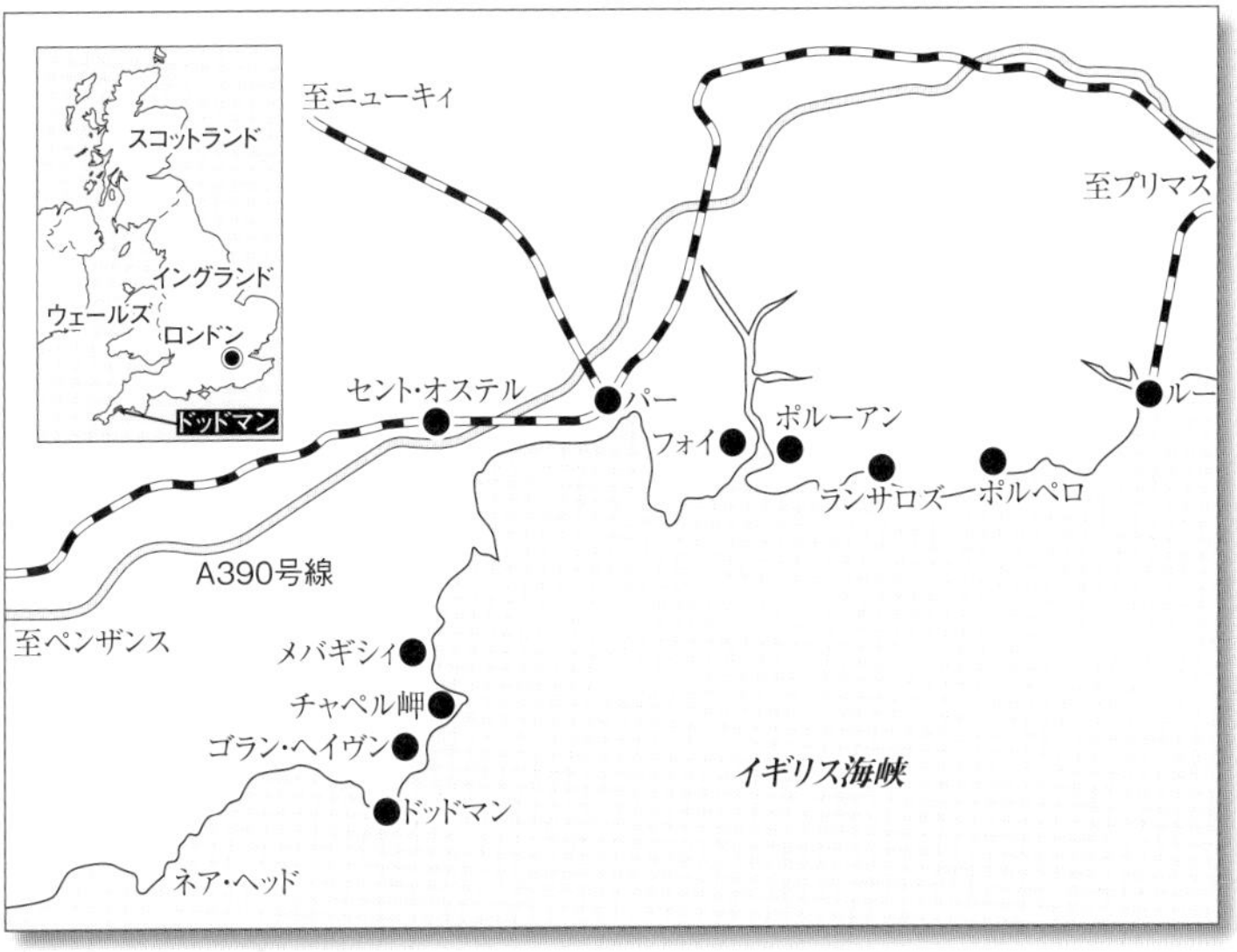

部分を一部紹介しておこう。

「丘陵地、ヒース地、崖地、牧場、森林地、そして高原地帯のほかに、我々はかなりの面積の耕作地を持ち、いくつかは農場付属の家屋も持っている。……我々はそれらのいくつかを農場用地として維持していくという条件に基づいて獲得した。……他の場合には、我々は自分たちが選択した農業方針を採用している。例を挙げれば、トラストの手入れの行き届いた原野や農場が、ボルト・ヘッドやドッドマンの崖地の背後に広がっている農場のように、隣接地とうまく溶け合い、自然美溢れる光景を醸し出している」(一八一頁)。この光景は一九二〇年代の農場を含む自然風景の有様を髣髴《ほうふつ》させるものである。自然そのものは時の経過につれて自ずと変化する。それ故にトラストは注意深く自然の維持・管理に努めなけ

ドッドマン岬へ

ればならない。いやそれ以上にその質の向上に努めなければならないことも、我々はすでに知っている。

残念ながらこれまで私はドッドマンについて、前記の光景以外にこれといった予備知識も研究資料も持ち合せていなかった。しかし私自身、トラストが早い時期から、しかも農業不振が打ち続く中で、農業活動と自然保護活動とを一体化させつつ、ナショナル・トラスト運動を展開していく姿勢を、歴史家のトレヴェリアンがこのように描くことができたことに大変感銘していた。確かにこれまで私はドッドマンにおける農業活動について、フィールド・スタディもしていないし、また研究資料も持っていない。

だが私のこれまでのナショナル・トラスト研究をしっかりと踏まえた上でドッドマンを訪ね、そして歩いて、その結果ナショナル・トラスト運動とは一体何であるのかを再び考えることは、大変意義深いことだと思っている。このような思いを抱きながらドッドマンへ、そしてゴラン・ヘイヴン（Gorran Haven）からメヴァギシィ（Mevagissey）へ、それからフォイ（Fowey）へ、そしてフォイからかつて歩いたことのあるポルペロへ向かって歩いてみることにしよう。私はこの計画だけは、わが国の地域経済が衰退しつつある中、なんとしてでも実現しなければならないと心に決めていた。

二〇〇六年二月二七日、この日は晴れ。午前一〇時五分。ロンドン・パディントン駅からペンザン

ドッドマン岬

ス行きの列車に乗る。午後二時頃、セント・オステル（St. Austell）駅に到着。メヴァギシィ行きのバスが駅前に待っているが、三〇分以上待たねばならない。時間が惜しい。タクシーに乗る。ゴラン・ヘイヴンへ。着いてすぐにB&Bも決定。B&Bを右手に折れて教えられたとおりに急な坂道を下りていくと小さな教会がある。そこを少し降りるとゴラン・ヘイヴンの小さな砂浜に出る。しばらくしてそこから少し登っていくとドッドマン岬への標示板が眼に入った。この歩道を東側に紺碧の海原を見ながらどこまでも歩いていくと、ドッドマン岬に行き着くはずだ。少し進むとラムレドラ農場（Lamledra Farm）（六九エーカー）の標示板がある。

ここは一九六六年、エンタプライズ・ネプチューン基金を含むその他の基金によって購買された農場だから、トレヴェリアンの頃には未だトラストの資産ではなかった。一九九七年のトラストの『ナショナル・トラストの資産』(*Properties of the National Trust*) によると、ドッドマンは小さなゴラン港から西側のヘミック海岸まで広がる四六八エーカーのトラストの土地と制限約款によって得られた五七・五エーカーの土地からなる。ドッドマン岬自体は二七六エーカーからなり、そのうちの一四七エーカーが一九一九年に贈与され、五二エーカーが一九四三年に購買された。したがってその他の土地は第二次世界大戦後、次々と獲得されていったわけだが、それらは主として一九六五年に開始されたエンタプライズ・ネプチューン基金によって獲得されたものだ。ラムレドラ農場もペノア農場 (Penore Farm) (八〇エーカー) もそのとおりだ。

トレヴェリアンが描いたドッドマンの農場風景は、明らかにドッドマン岬にある一九一九年に贈与された一四七エーカーの土地を含む自然風景だ。彼の描いたドッドマンの自然風景から今日までおよそ八〇年が経過している。ここの農場経営にしても、自然風景の維持・管理にしても平坦であったはずはない。ドッドマンのその他の土地の大部分も例外であるはずがない。このようなことを考えながらドッドマン岬を目がけて歩道を進むと、広々とした牧草地に出た。ついにドッドマンの標示板を眼にする。しばらくすると踏み越し段 (stile) だ。そこへドッドマン岬のほうからと思われるジョギングの男性が来た。「ドッドマン岬は?」と聞くと、すぐそこだと言いながら走り去っていく。なるほどしばらくすると、すぐそこにドッドマンの突端にある大きな高い花崗岩の十字架を眼にすることができた。

ここでしばらく休むことにする。ここから二〇〇四年四月に訪ねたコーンウォール最南端の岬リザード・ポイントの方角も確かめることができた。下のほうに眼を向けると、立ったままでは恐い。

さすがにここが死者の岩（Dead Man's Rock）と言われた所以であろう。しかしその背後では牛がのんびりと草を食んでいた。それでもこの風景をトレヴェリアンの頃の農場風景と比較できるのだろうか。トラストが大地の美しさを維持するばかりでなく、その質を高めなければならないことは何度も述べた。私たち夫婦は、これまで来たドッドマンの自然風景、そして今着いたばかりのドッドマン岬の景色に満足して、再びゴラン・ヘイヴンへと帰路につくことにした。

ゴラン・ヘイヴン

私たちはゴラン・ヘイヴンからドッドマン岬までの約三時間のウォーキングを十分にエンジョイした。それでも私自身、海岸の浸食と海水による氾濫（flooding）のことを忘れていたわけではなかった。ただ今回の私のコーンウォールへの旅の関心が、トラスト運動の基軸である「地域の再生」へ向けられていたことも事実であった。

トラストの自然保護活動による経済効果

というのもトラストは、すでに一九九八年にイングランド南西部諸州（コーンウォール、デヴォン、ドーセット、サマセット、ウィルトシア、グロースターシア）におけるトラストの活動による経済効果を初めてまとめることができたのだった（*Valuing Our Environment—a study of the economic impact of conserved landscapes of the National Trust in the South West* 1998）。その詳細については同書に依拠するほかないが、南西部諸州におけるトラストの経済効果を割り出すために、トラスト自体による雇用効果を見ると次のとおりである。

南西部諸州の人口は約五〇〇万人で、そのうち約半分が農村地帯で生活している。一九九七年における南西部諸州のトラスト自体による直接の雇用人口は一一五六名であった。その中にはトラストの農業用地での借地農をはじめとする農業労働者が約七四六名、八五の売店やレストランなど商業施設での雇用者が二一名、それにこの地域にあるトラストの一三二のホリデー・コテッジでの雇用者五六名などが数えられる。同書での分析はより詳細であるが、前記の雇用者および諸施設から生み出された経済波及効果によって生じたフルタイムの雇用者を概算すると、実際に働いた人々は合計七三五〇名であった。このように考えると、この地域でのトラストのフルタイム雇用者一名に対して、約六名のフルタイム雇用者が生み出されたことが分かる。

南西部諸州の大部分は自然環境に恵まれた海岸線をもつ半島からなっている。東のほうは耕地や牧場、雑木林で織りなされる美しいパッチワークを思わせる田園地帯で有名なコッツウォルズから、西のほうへは優れた自然海岸に恵まれたコーンウォールへと連なっている。いずれの州も農業地帯を持つ色彩豊かな自然美によって特徴づけられる。この地域でのトラストの農業活動がグリーン・ツーリズムとか農業体験旅行といわれるものと一体化していることは明白だ。会員や支持者、そして所有面積は確実に増加しつつある。

このように考えると、南西部諸州のナショナル・トラスト運動の持つ経済効果が、今後増大こそすれ、減少することはないといっても決して誤りではない。このことはトラストの他の地域でも同じだが、トラストの持つ土地がすべて同じ条件にあるのだとは言えない。トラストの持つ土地でも、地理的および地質学的にも、また遠隔地の程度の差異などによって、自ずから差異が生じるであろう。事実、トラストは他の地域でも、その持つ自然の質を高める努力を続けるとともに、自らの活動の経済効果を割り出す仕事も続けている。

各地域のナショナル・トラスト運動による経済効果を数量化したものとして、その他にトラストの一一の管轄地域のうちの北東部地域（ノーサンバーランド、ダラム、タイン・アンド・ウィア、ティーズ・バレー）、カンブリア、ウェールズ、北アイルランドの四地域があるが、それらはそれぞれ『自然環境による経済効果査定』(*Valuing our Environment*) として刊行されている（Ⅱ第二章の注3を参照）。ここでそれぞれの地域の雇用効果を示せば、次のとおりである。北東部地域ではトラストのフルタイムの雇用者一名に対して、約五名のフルタイム雇用者が生み出され、湖水地方を中心とするカンブリアでは、トラストのフルタイムの雇用者一名に対して約九名のフルタイムの雇用者が生み出された。ウェールズではトラストのフルタイムの雇用者一名に対して約五名のフルタイムの雇用者が生み出され、北アイルランドではトラストのフルタイムの雇用者一名に対して五名のフルタイムの雇用者が生み出された。今後残された六つの地域においても、このような自らの活動の経済効果について定量化のための研究が進められることを期待したい。その時こそトラストの自然環境保護活動の持つ貴重な社会経済的意義が真に評価される時が来るに違いない。

私はついにドッドマン岬に立てたことに大変満足していた。イングランド南西部地域の海岸線を大部分踏破したような錯覚さえ覚えるほどだった。

翌二八日はゴラン・ヘイヴンからチャペル岬を経てメヴァギシィへ歩いていこう。翌朝、B＆Bの夫妻と話しをし、出発した。彼らがトラストが「いい仕事をしている」と言ったことも忘れられない。玄関ではステッキも手渡してくれた。まず目指すはチャペル岬へ。途中ゴラン・ヘイヴンの村落地を見下ろし、そして前日歩いたドッドマンをじっと見つめた。チャペル岬を経てメヴァギシィへ着いたのは昼過ぎだった。この港町からフォイへのバス便があることを確かめて、パブへ入った。むろん私はゴラン・ヘイヴンからメヴァギシィへの途次、トラストの大地が生産の場であり、かつ癒しの場であることも確認することを怠りはしなかった。そしてそこがトラストの大地である限り、永久に再生産の場であり続けるのだ。

午後一時八分発のフォイへのバスが来た。セント・オステルを経由してフォイへ行くバスだ。バスがフォイへ近づき、フォイの町並みが下のほうに木々の間から見え隠れするにつれて、私の胸は高鳴った。というのは私は一九九一年七月一四日、フォイの対岸のポルーアン（Polruan）から東のほうへほぼ一〇キロメートルのところにあるポルペロからフォイへ向かって歩いたことがあるからだ。しかし結局フォイへ行くのを諦めてポルペロへ引き返したのだった。次の機会には必ずここを踏破しようと心に決めていたのだが、その機会がなかなか来なかったのである。

フォイに着いた私たちはパブも兼ねているB＆Bに宿を取ると、早速フェリーで対岸のポルーアンへ渡った。ここからランサロズ辺りまで行けば、ポルペロからフォイまで歩いたことになる。この時の私の体験よりも、一五年以上も前の体験を綴った私の前掲書を引用したほうが良さそうだ。

「わたしは一九九一年七月一四日、ポルペロからチャペル・クリフを経て大きく起伏している海岸地をランサロズを過ぎてランティック湾辺りまで来て再びポルペロへ引き返した。……はるかに広がるイギリス海峡に眼を見張った。あるところではクリフ（崖地）の歩道から内陸に眼をやり、牧場や放牧地、そして穂波の揺れる小麦畑とイギリス海峡を同時に見やることもできた。もうこの頃はポルペロからフォイまでほとんど連続してトラストの所有地となっていたはずだ」（一六一～一六二頁）。

もうここでこの旅行記に何か書き加える必要はないと思う。ただ一つだけ次のことを書き加えることは許されよう。この日、私たちがフォイからポルーアンへ渡り、ここから歩き始めランティック湾を通過し、ペンカロウ・ヘッドを登ってランサロズ辺りまで行くまでに何カ所かベンチが置かれていた。私たちもそこで小休止して、イギリス海峡を存分にエンジョイした。また一五年以上前にポルペロからフォイへ向かって歩いた時、たしかチャペル・クリフ辺りだったと思う。手入れされた歩道に木々のトンネルが自然のままに作られていた。このような光景は、山岳地であれ、田園地帯であれ、海岸線であれ、各所に見られる光景である。私自身、三〇年前にナショナル・トラストの大地を歩き始めた頃からすでに感じていたことだが、これらはトラストの人々、ボランティアの世話がない限り、決して実現されない。トラストのオープン・スペース、すなわちオープン・カントリィサイドへのアクセスは自由である。トラストのオープン・スペースを訪ねる人々は年間五〇〇〇万人を超えている。ナショナル・トラスト運動はすべての人に開かれているのである。

私たちはランサロズ辺りに来たと思われるところで引き返すことにした。私の一五年前のひそかな願いも叶えられた。ポルーアンへ着き、フェリーに乗ってフォイへ帰り着いた時は暗くなっていた。この頃になると雨が降り出し、ついには雪となった。

翌朝、B&Bの私たちの部屋の窓から見下ろすフォイの町は雪化粧をしていた。この日はプリマスの東方六キロのところにあるカントリィ・ハウスのソルトラム（Saltram）を訪ねて、夕方には無事ロンドンに着くことができた。ソルトラムについては、この館は初期の頃のネプチューン・キャンペーンと深い関係にあるところだ。

再びウェールズ・ガワー半島へ

ウェールズ・ガワー半島については「ガワー半島南部を行く」と「ガワー半島北部へ」においてすでに触れている。「ガワー半島南部を行く」では、ガワー半島における田園地帯の重要性を強調するためにこの半島の南部を訪ねた。そして「ガワー半島北部へ」では、ガワー半島の田園地帯の重要性をさらに深く理解するためにガワー半島全域を、ガワー半島の北部海岸とスランリィディアン湿地帯（Llanrhidian Marsh，一二七一エーカー）およびスランリィディアン砂洲（Llanrhidian Sands）を含めて、さらにウェールズ南西部諸州の大地までも含めて、これらをナショナル・トラストのいうオープン・カントリィサイドという観点から考えてみたいと思ったからである。

この計画は比較的容易に実現できると考えたのだが、そうでもなかった。ようやくそのチャンスが訪れたのは二〇〇六年三月五日だった。この日は日曜日だ。早めにロンドン・パディントン駅へ行く。

スランリィディアン砂洲

しかしなぜか午前九時三七分発のスウォンジィ行きの列車が、九時五七分発のカーディフ・セントラル行きに代わってしまった。結局スウォンジィ駅に着いたのは午後三時三〇分だった。やはりいつもの復旧工事のために大幅に遅れたのだ。B&Bに着いてすぐにタクシーを呼ぶ。スランリディアン湿地帯へ急行。とても広大な湿地帯だ。地図（二五五ページ）に見られるように、その先はスランリィディアン砂洲だ。そのまた先にはバリィ・ポート（Burry Port）とスラネスリィ（Llanelli）の町も見える。もっと東のほうにはスウォンジィとカーディフが控えている。後ろを振り向けば田園地帯だ。西のほうへはホワイトファド・バロウズ（Whiteford Burrows）が見える。ここは鳥類や植物の豊富な半島（六七〇エーカー）で、一九六五年エンタプライズ・ネプチューンが開始された年に購買されたところだ。とにかく広大な眺めだ。トラストによれば、このスランリィディアン湿地帯はトラストの海岸地でも満潮時に海水が溢れてくる最も危険性の高いところの一つだという。[10]だが、この時はもう暗くなっていた。

翌三月六日も快晴。再びここを訪ねるためにスウォンジィのバス・ステーションへ。ここからはスランマドック（Llanmadoc）へのバス便がある。午前一〇時一〇分に出発し、一一時にスランマドックに到着。ここから歩いてホワイトファド・バロウズを通ってホワイトファド岬へも行けるが、それよりもガワー半島の北の突端ともいえるヒルズ・トー（Hills Tor）に立ってみる。ここからはかつて眼前に見たウォームズ・ヘッドも、また登りつめたロシリィ丘陵も遠くに見ることができた。

ここは一九六六年エンタプライズ・ネプチューン基金によって購買されたところだ（一五三五エーカー）。はるか彼方には雪を頂いたウェールズの山々も眺めることができた。トラストの戦略的な目標は何よりも田園地帯を再生し、その実際の姿をイギリス国民に、そして私を含めた外国人に示すことによって、その指導性を発揮することだ。ガワー半島の東方にはスウォンジィが、さらにその東方にはカーディフ、ニューポートがある。トラストがガワー半島を田園地帯の再生の場として維持し、育てていく姿を想像してみたかったのである。

農村社会あるいは地域経済の再生を、都市経済論的手法で解決することはできないし、むしろ地域社会を悪化させるだけである。資本主義的経済社会が疲弊し、その矛盾をますます深めている時に、新自由主義経済や市場万能の考えのもとに国民経済であれ、国際経済であれ、それらを健全化することは不可能であり、むしろその矛盾をますます深めるだけである。地球の危機が叫ばれている今、グローバリズムを標榜し、それを実行することがいかに危険な行為であるか。今こそ発想の転換が必要な時はない。ナショナル・トラストの戦略的な目標は地域の再生である。これまでに私たちはトラストの自然保護活動が地域経済を活性化させ、かつ健全な国民経済のモデルを提供できることを明らかにしてきた。ただトラストの土地といえども、自然現象であれ、人為的なものであれ、気候変動と海面上昇による海岸の浸食を免れないことはこれまで明らかにしたとおりである。ガワー半島でも、スランリィディアン湿地帯が満潮時に海水が溢れてくることはすでに述べた。

最後に浸食が最も著しい海岸の一つとして、トラストによって紹介されているフォンビィ・サンズに行ってみよう。ここはネプチューン・キャンペーンの初期に確保された海岸地であり、リヴァプールの北方一〇キロメートルのところに位置し、主要都市の近くで購買された初めての海岸線である。

実はもう三〇年近くも前になるが、私はこの砂浜に立ったことがある。この時の私の感慨はトラストが都市化の阻止に動きつつあることに対する共感であった。トラストによる都市化の阻止への動きは極めて重要である。しかしこのトラストの役割については次編に譲ることにして、ここでは次のトラストの独自の調査を引用することから始めることにしよう。

再びリヴァプール、そしてフォーンビィ・サンズへ

「フォーンビィ・サンズの渚は、……二〇〇二年の強風で一二〜一四メートルが浸食された。次の一〇〇年間には、この砂浜は四〇〇メートル以上も後退するかもしれない。我々の第一の目標は、

この砂浜が自然と後退するに任せておくことだ。……この砂浜を維持し続けるために、トラストはここの海岸の歩道を変更し、そして駐車場の位置を変える計画をしている」[10]

この事実を確認するために、三月九日、ロンドン・ユーストン駅を午前九時に出発し、リヴァプール・ライム・ストリート駅へ向かった。ここで乗り換え、目的のフレッシュフィールド駅に着いたのは昼頃だった。雨模様の中、かつて訪れたことのある海岸へ向かう。海岸へ着くと、その浸食の程度が相当に進んでいることが一目でわかる。この時は引き潮時だ。壊れた砂丘の向こう側には波が打ち寄せている。記憶していたとおりに砂浜は広い。波打ち際に中年夫婦がいる。浸食の話をする。イギリスで生じている海岸の浸食については誰でも知っている。

別れ際に、長いことここに居ないほうが良いとアドバイスしてくれる。フォンビィ岬から南のほうへ眼を向けるとすぐそこはリヴァプールだ。その西のほうはウィロー（Wirral）半島であり、さらに西のほうは北ウェールズだ。

トラストによると、北ウェールズのフリントシァとデンビィシァの海岸には建物が立て込んでいて貴重な海岸線は残されていないという。[11]

私が三〇年前、フォーンビィの砂浜に立って「トラストは都市に殴り込みをかけたな」と同行のグレアム・マーフィ氏に叫んだのは間違ってはいなかった。ここは都市化の阻止に大きく役立っている。それでもフォーンビィ・サンズの浸食はひどい。一〇年前を思い出すまでもない。駐車場から五〇〇メートルほど離れた路上に駐車受付所がある。ここで働いていたトラストの女性監視員に聞いてみた。一〇〇年経てば、ここも海になると話してくれた。この辺りは静かな住宅街だ。

第三章 持続可能な海岸線を求めて

自然変動によるものにせよ、人為的なものであるにせよ、今後も止みそうにない海面上昇によって、ナショナル・トラストの海岸線も相当な被害を被っている。これに対してトラストがいかに対処しつつあるのか。このことについては、これまでトラストの海岸線を歩くなかで見てきたとおりだ。そこでこのことを踏まえつつ、トラストが自らの大地で持続可能な海岸線を求める過程で、イギリスにおいていかなる立場に立っているのかを、より整合的に見ておくことにしよう。

トラストの海岸線に変動が生じた場合、それに対するトラストの方針はその変化に逆らわないで、その変化とうまく折り合いを付けていこうということである。というのはトラストは自然の力がいかなるものか、そしてそれに逆らって行動を起こした時、その結果がいかなるものであるかを良く知っているからだ。

一九六五年にエンタプライズ・ネプチューン・キャンペーンが開始される前の一九六〇年代初め

には、限られた資源をあたかもそれが無限であるかのように浪費しているという警鐘がトラストの内部で鳴らされつつあった。一九六五年までにトラストが一八七マイル（約三〇〇キロメートル）の海岸線を管理し守っていたことは幸いであった。トラストが設立された一八九五年にはウェールズのバーマスにあるディナス・オライが最初の海岸地として贈与され、翌々年には北コーンウォールのバラス・ヘッドが購買されている。その後着実にトラストの海岸線が確保されていったことは一九六五年までのトラストの海岸線の数字が示しているとおりだ。

一九六五年九月までにトラストの独自の調査によって、イングランド、ウェールズ、そして北アイルランドの全海岸線約三〇〇〇マイルのうち約九〇〇マイルが、未だ汚されていない海岸線であることが判明した。ネプチューン・キャンペーンの開始にあたり次の三つの目標が掲げられた。

(1) 永久に守りかつ一般大衆にアクセスさせるために、未だ汚されていない海岸線を獲得すること。

(2) 海岸への脅威が増しつつあることを国民に知らせること。

(3) 未だ汚されていない海岸線を購買するために、まず二〇〇万ポンド——当時では巨額な金額——を集めること。

いよいよエンタプライズ・ネプチューン・キャンペーンの開始である。目指すは九〇〇マイルだ。ネプチューン・キャンペーンが開始されると、この海岸買取運動は順調に展開された。

一九六五年から一九七五年までの最初の一〇年間に獲得された海岸線は一七五マイルで、これまで得られた一八七マイルにほぼ匹敵するほどのマイル数であった。一九七五年から一九八五年までの一〇年間に獲得された海岸線は九九マイルで、獲得のペースはいくらか減じたが、それでも一年にほぼ一〇マイルが獲得されたことになる。その後二〇〇五年にエンタプライズ・ネプチューン・キャンペーン四〇周年祭が挙行されるまでの二〇年間に二四三マイルが獲得され、トラストの所有する海岸線は、すでに獲得されていた一八七マイルを加えて七〇四マイルとなった。これは素晴らしい実績である。確かにこれは将来を託せるだけの実績だ。

しかし我々は次のことも決して忘れてはならない。自然現象であるにせよ、人為的なものであるにせよ、イギリスの海岸は確実に壊されてきた。たとえばこれまでに工業化と都市化、それに外国貿易が進展するのに伴い港湾の建設も進んだ。このために海岸線が大規模に失われてきたのだ。

このような厳しい状況の中で、エンタプライズ・ネプチューン・キャンペーンが、あるいはナショナル・トラスト運動が行われてきたのだということを我々は忘れてはならない。今後ともいかなる困難が生じるかもしれない。これまでの海岸への脅威は止むことはないだろう。さらに将来新たな脅威が加わるかもしれない。このように考えると、トラストの仕事は将来、ますます変転していく世界の中で行われるのだと考えなければならない。

気候変動による海面上昇と度重なる暴風雨の襲来は、すでに海岸の浸食と洪水の激しさを増しつつある。トラストによると、次の一〇〇年間を通じてトラストの海岸線の資産のうち一六九カ所が海岸の浸食によって土地を失う恐れがあるという。これらの土地のうち一〇%が一〇〇メートルから二〇〇メートルまで浸食され、五%以上が二〇〇メートル以上へ及ぶ恐れがある。浸食を最も受けやすい土地として、ゴールデン・キャップやフォーンビィ・サンズが挙げられているが、これらについてはすでに本書で触れている。

それから合計約一万エーカーに及ぶ一二六カ所が、満潮時に洪水に晒される危険にある。最も危険な場所として、ガワー半島のスランリィディアン湿地帯とポーロック海岸、そしてエセックスのノージィ島が挙げられている。これらの場所についても本書ですでに触れている。

繰り返すが、海岸の変動に対するこれまでのイギリスの対策は、岩石やコンクリートで強力な対抗策を取ることだった。これに対するトラストの考えはどうか。繰り返しになるが、もう一度確認しておこう。「海面上昇と強力な暴風雨が増えるにつれて、このような防御物を作り、そして維持するのはますます困難となり、かつ費用もかさむ。それらはまた海岸を台無しにし、そして問題を他の場所に移して、さらに環境破壊を引き起こす……」。

トラストの海岸変動に対する基本的な方針が、変化に逆らうのではなく、その変化に順応しながら、人間を始め他の動植物のための持続可能な解決策を探求することだということが分かる。

トラストは自然遺産と文化遺産を所有し守るだけでなく、その質を高めなければならない。この戦略的な目標を成し遂げるために、トラストは会員、支持者、そして国民の支持を得ながら、長年月にわたる経験と研究から海岸線の持続可能な解決策を編み出したのである。しかしトラストの行為は、ほとんどいつもトラスト以外の人々と場所へ刺激を与える。だからトラストは、トラストだけで行動を起こすことはできない。トラストの所有地に直面している諸問題に取り組むときには、隣接地の所有者や管理者との合意が必要だ。特に大規模なプロジェクトを相互の利害に叶うように実行するためには、相互の強力なパートナーシップが必要である。

国民に海岸への脅威が増しつつあることを正しく理解させることこそ、国民から信頼を得る唯一の方法でもある。情報を提供し、そして国民一般の同意（コンセンサス）を得ることは、相当の時間と労力を必要とするが、持続可能な解決策を見い出すためには、絶対に必要だ。それではこれは実現可能だろうか。

ナショナル・トラスト運動は、イギリスにおいて大きなうねりを巻き起こしつつある。というよりも今や国民的運動に発展しつつある。ネプチューン・キャンペーンが驚くほど成功しつつあることは、もはや説明を要すまい。トラストがこれまでエンタプライズ・ネプチューンのために四五〇〇万ポンド以上を募金していることもすでに述べた。これはトラストがたゆまず精励してきた賜物である。ネプチューン・コーストライン・キャンペーンは依然として展開中なのである。トラストが目指す海岸線の持続可能な解決策は、確実に会員、支持者、そして国民の支持を得るに違いない。

ナショナル・トラストが草創時より首尾一貫して政府・行政から独立を保ってきていること、そしてそれ故にトラストが国民の支持を得てきたのだということを我々は忘れてはならない。このような歴史的背景の中でこそ、トラストがイギリスの国土を、山、川、海という観点から捉えることができたのだと考えることができる。

トラストは今、イギリスの国土を永久に（forever）、そしてすべての人々のために（for everyone）守り、そして育てているのである。

思い起こせば、ヴィクトリア王朝（一八三七〜一九〇一年）の末期、イギリスが繁栄の絶頂期にあった頃、都市がその触手を伸ばし、田園地帯を飲み込むのを見ていたのは、トラストの創始者三名だけではなかったが、このような人々がナショナル・トラストに結集していったのである。トラストが田園地帯に眼を凝らし、そこを都市化（urbanization, urban or suburban sprawl）から救おうとしたことは正しかった。だからこそ健全な国民経済あるいは国民社会を実現するためには、都市化を防止し、地域を再生することが必須なのである。

トラストの目標は田園地帯を再生し、そのためのリーダーシップを発揮することだ。そのためには後世に残された自然遺産と文化遺産の存在価値をトラストの会員、支持者ばかりでなく国民一般に正しく理解してもらうために、常に教育と生涯教育をトラストの事業の中心に据えて置かなければならない。

それからナショナル・トラスト運動が国民的運動へと発展しつつある今、誰にでも明らかな都市の抱える諸問題を無視することも許されない。私もそのように考えながら都市化の阻止という観点から、主としてロンドン近郊を歩くことにも心がけてきた。

［注］

（1）*Annual Report and Financial Statements 04/05* (The National Trust, 2005) pp.10-11.

●第一章

（1）以上、*Shifting Shores — Living with a changing coastline* (The National Trust, 2005) pp.1-5.

（2）*Ibid.*, p.6.

（3）*Looking to the future 2004-2007* (The National Trust, 2004) p.13.

（4）*Shifting Shores — Living with a changing coastline, op.cit.*, p.10.

●第二章

（1）『世界国勢図会―二〇〇六／〇七』（財団法人矢野恒太記念会、二〇〇六年）二一九、二二一～二二二頁、二二四頁。

（2）これまでの記述は、ネプチューン・キャンペーンと気候変動および海面上昇との関連についての私の質問に対するトラストの持続可能部門担当責任者（Head of Sustainability）のロブ・ジャーマン（Rob Jarman）氏からの返書を土台にして書かれたものである。記して謝意を表したい。その他にRob Jarman, “Swim with the Tide,” *The National Trust Magazine*, No.105, Summer 2005, pp.34-37, John Whittow, “Causing a splash,” *Ibid*., pp.38-39をも参照されたい。

（3）*The National Trust Magazine*, No.105, Summer 2005, p.36.

（4）四元忠博、前掲書、一八三～一八五頁。

（5）*Shifting Shores — Living with a changing coastline*, *op.cit.*, p.8.

（6）*Ibid*., p.9.

（7）*The National Trust Magazine*, No.105, Summer 2005, p.36.

（8）Neptune Milestones (The National Trust, 2007) p.5. John Whittow & David Pinder, *Saving Our Coasts — 40 years of the Neptune Campaign*, (The National Trust, 2005) p.68.

（9）John Whittow & David Pinder, , *Ibid*., p.65.

（10）*Shifting Shores — Living with a changing coastline*, op.cit., p.10.

（11）John Whittow & David Pinder, , *op. cit.*, p.57.

V
都市近郊を歩く

読者の中で、ナショナル・トラストの仕事が後世のためにこそあるのだと言っても、このことを否定する人はいないと思う。

イギリスが、そしてわが国も含めて、もし現在脅威に晒されている自然遺産や文化遺産を失うようなことがあれば、その国はより貧弱な国となり、その国の人たちの愛情を繋ぎとめておくことはできなくなるだろう。このように考えると、トラストは、本当の愛国心（patriotism）を育てるためにこそあるのだと言うことができる。ここで言う愛国心は、ショーヴィニズム（chauvinism、盲目的愛国心、国粋主義）を指しているのでは決してない。ここで言う愛国心とは、大地＝自然を慈しみ、郷土を愛し、国土を大切にするということであって、これこそはついには人類愛へと繋がっていくはずのものだ。

それればかりではない。ナショナル・トラスト運動はその他の利益ももたらす。雇用を生み出し、技術を磨き、そして人々の心を癒し、生活の質を高める。

トラストは今、トラストの資産を永久に（forever）、そしてすべての人々のために（for everyone）所有し守り、そして育てている。そうであるならば、トラストが少数民族の人々や低所得の人々にも手を差し伸べることは社会事業団体（a charity）として当然の義務であろう[1]。トラストの創始者の一人であるオクタヴィア・ヒルが「貧しい人々のための戸外の座る場所[2]」を求めたように、トラストは草創時から「ナショナル・トラスト運動」をすべての人々に向けて開く基礎はできていたのである。

ついでに言えば、金銭上の都合で会員になれない人たちが、トラストのボランティアとして活動することは、大変有意義である。例えばボランティア活動がトラストにとって大変有利であるばかりではない。彼らにとって、トラストでのボランティア活動は新しい体験となり、相互に友情を育み、新しい技術を習得し自信を得、そして自立の精神を育てる場となることができる。

現在、イギリス人の五名のうち四名が都市に住み、トラストの資産の三分の二以上がロンドンをはじめ主要都市の中心地から列車で一時間以内のところにある。この事実は、上記の少数民族の人々や低所得層の人々ばかりでなく、働いている人々にとって大変好都合である。

そこで私は、イギリスでは都市近郊については、ロンドンを含め一四都市にグリーン・ベルト(Green Belt)が政府によって指定されていることに注目してみた。

ロンドン近郊にあるトラストの所有地が政府のグリーン・ベルトの施策とあいまって、都市化の阻止をはじめいかなる役割を担っているかを考えてみたいと思った。その他マンチェスター、シェフィールド、リヴァプールおよびバーミンガムについても紙幅の許す限り、私の体験を紹介してみたい。

第一章　リヴァプールとバーミンガムへ

私はつい最近、東京タワーに登ってみた。ここからの風景は一九六〇年、私が初めて上京した年に銀座松屋の屋上から見た東京近郊のそれとは全く異なっていた。それからこれもつい最近のことだが、私が講義を受け持つ千葉県船橋市にある大学の新校舎の最上階から周囲の光景を眺めてみた。周囲の郊外地の住宅は延々と続き、これというほどの緑地帯も見い出せなかった。イギリスの都市に見られるグリーン・ベルトなど探しようもなかったのである。一種の恐怖感すら覚えざるをえなかった。地方の人口は減少し、地域経済は衰退するがままである。日本経済は行き着くところまで行かざるをえないのだろうか。たとえそうだとしても、私たちは希望を捨ててはいけないと思う。

このような気持を抱きながら、リヴァプールとバーミンガムの近郊にあるトラストの土地を確認しようと思い立ったのは二〇〇一年三月五日から四月九日までイギリスに滞在した時だった。この時は、すでに触れたように、口蹄疫がしょうけつを極めていた。したがってトラストの土地は閉鎖され、中には入れなかった。しかし外からトラストを見る絶好の機会であるとも考えることができた。

リヴァプールとバーミンガム近郊のトラストの土地は、両者ともイギリス農業が不況にあえいでいた一九二〇年代に贈与された土地である。リヴァプール近郊のサーストストン・コモン（Thurstaston Common）はオープン・スペースとして、バーミンガムのチャドウィッチ・マナー・エステートは農地として維持し続けることを条件に、トラストへ贈与されたものである。両都市とも大都市である。郊外の肥大化が進む現在、これらの土地はどのような状況にあるのか。滞英期間が余すところ四日間に迫った二〇〇一年四月六日早朝、リヴァプール行きの列車に乗った。正午頃にはリヴァプールの西方、ウィロー（Wirral）半島にあるサーストストンに降り立つことができた。サーストストン・コモンに沿って続く公道で出会った青年が私を出入り口のある所へ連れて行ってくれた。

'closed' の貼り紙があった。この辺りはすべてがトラストだと説明してくれる。ここは自然保存地（nature reserve）ともなっている広大なオープン・スペースだ。中には入れなかったがここが肥大化しつつある都市化を阻止していることだけは確認できた。

その後夕方にはバーミンガムへ着き、バーミンガム・ニュー・ストリート駅前のホテルに投宿。翌朝、バーミンガム・ニュー・ストリート駅からバーント・グリーン駅へ。チャドウィッチ・マナー・エステートへ行くためである。バーント・グリーン駅へは二五分間で到着したが、この辺りには全く土地感がない。それでも地図を見ながら、歩いてチャドウィッチ・マナー・エステートへ向かう。

途中、緑に囲まれた住宅街を歩くうちにリッキー・ヒルズのビジター・センターに立ち寄る。ここはトラストではない。相当に広大な森林地である。その東隣りにはトラストのコフトン・ハケットがある。ここは農場だ。

ビジター・センターから西へ三キロメートルほどのところにチャドウィッチ・マナー・エステートがあるはずだ。これらがあいまってバーミンガムのグリーン・ベルトの一環をなしている。とにかくチャドウィッチ・マナー・エステートをこの眼にしたい。ビジター・センターでタクシーを呼んでもらう。タクシーの中からトラストのチャドウィッチ・グレンジ・ファームの標示板を発見し、そのまま下り坂をゆっくりと走る。途中、他の農道へ入り、下からチャドウィッチの様子をしばらく眺めカメラにおさめる。思えば〈閉鎖〉の標示板のある所を通過していたのだ。写真を撮り終え車のほうへ帰り際、一人の男性が立っているのに気が付きながら、挨拶もせずに車に入ったのがいけなかった。怒った農民が車の窓を激しく叩く。ドライバーがしきりにSorry!を繰り返すが、彼の怒りは収まりそうもない。自ら出て謝るべきか。「違法だぞ（illegal!）」、「罰金だ（penalty!）」の言葉が続けざまに発せられて、この場はようやく収まった。

次いでドライバーの怒りが収まらない。あれだけ何回も謝ったのに、なぜあれほどまでに悪しざまに言うのだと。しかしもとはと言えば、私の不注意とドライバーに無理に農道に入ってもらったことが原因なのだ。謝らねばならないのは私のほうだ。彼の怒りは何とか収まった。口蹄疫から生じた農民の不安と苦悩を実感できた一瞬だった。もうこの頃には口蹄疫に対して政府の補償金が出るにしても、農業を放棄するか、あるいはその規模を縮小する農家が出るに違いないことが各紙に報じられていた。ドライバーの批判は政府・行政へも向けられた。今回の口蹄疫の拡大は政府・行政の対応の拙さと遅れによるものだ。口蹄疫は何カ月も続くだろう。カントリィサイドへの理解も乏しいし、農業軽視も許せないと言うのだ。

「それではナショナル・トラストはどうだ」と私は彼に聞いてみた。「トラストについてはよく知らないので、はっきりしたことは言えない。しかしトラストは政府・行政よりもはるかに良い。彼らは口蹄疫の危機の何たるかを知り、カントリィサイドを大切にしている」と言う。今や国民的危機（national crisis）と言っていいほど全国に拡大しつつある口蹄疫が、イギリス国民にこれまでの農業軽視の風潮を見直すと同時に、集約農業や近代農法の危険性を考え直させる契機となってくれればと思った。

農業の衰退と農村社会の疲弊は著しい。口蹄疫が農産物の輸出入と近代農法や集約農業と無関係でないことは明らかだ。それにイギリスの最大産業の一つであるツーリズムに痛打を浴びせていることも明白だ。それがまたトラストの言うオープン・カントリィサイドにおける自然環境保護にとって、いかに大きなマイナス要因になるかについても、もはや説明するまでもないだろう。

望むべき国民経済とは何か。持続可能な社会を維持するためには何をなすべきか。それは一国経済の産業構造をバランスのとれた経済構造にすることだ。そのためには農業の衰退と農村社会の疲弊を直視し、人間社会のグローバリゼーションは避けられなくとも、グローバリズム（＝農産物の輸出入の自由化）だけは食い止めなければならない。それこそが望むべき国民経済を実現すると同時に、健全な人間社会を回復させる道だと思う。この年の滞英生活はこのようなことを考えさせられた貴重な体験でもあった。だがこの時のリヴァプールとバーミンガムへの旅は、いずれもトラストの土地が都市近郊の都市化に対して、政府によるグリーン・ベルトとあいまって、どれほど貢献しているのかを理解するには十分ではなかったようだ。もう一度両都市を訪れる必要がある。

そのチャンスは二〇〇三年に訪れた。この年の滞英期間は七月二三日から九月七日までだ。七月三一日、私たち夫婦は湖水地方のボローデイルから奥まったところにあるシースウェイトを訪ね、翌八月一日にはバタミアの北西部に隣り合うクラモック・ウォーターを訪ねた。いずれの訪問も貴重なフィールド・ワークを得たのだが、ここでそれらを紹介する余白がないのが残念だ。私たちが無事これらのフィールド・ワークを終えた八月二日（土）には、再びリヴァプールのグレアム・マーフィ氏宅を訪ねた。

彼はこの年、ナショナル・トラストから『オールド・ローズ』〈Graham Murphy, *old roses* 〈the National Trust Enterprises Ltd. 2003〉〉を出版し、私たちにも献呈してくれた。二〇〇六年には同じくトラストから『野生の花』〈*wild flowers*〉を刊行している。いずれも見事なバラと野生の花の写真と詳細な説明が付されている。私たちはこの夕、ゆったりとした会話を楽しみ、翌朝再びウィロー半島のサーストストン・コモンを訪ねることにした。

この日は日曜日だ。例の鉄道の復旧工事に出くわさなければ良いのだが。残念ながら単なる杞憂には終わらなかった。リヴァプール・ライム・ストリート駅から終点のウエスト・カービィ駅までは三二分ほどで着くはずなのだが、この日はそうもいかなかった。結局ウエスト・カービィ駅には大幅に遅れて着いた。それでもサーストストン・コモンまで歩いていくことにする。サーストストストン・コモンへ向かってA540号線を進んでいくと、右側にディー川の広大な河口が目に入る。そこをもう少しディー川に向かって下りていくと、トラストのコールディ・ヒル（Caldy Hill）がある。そこからはディー川に集まる各種の野鳥や渉禽類の鳥が多く見られるはずだ。A540号線をしばらく進むうちにサーストストン・コモンに入る。まず眼にした赤銅色の巨岩に登ってみるが、ここからは森林地が見えるだけで視界が開けない。

サーストストン・コモンからリヴァプールの市街地を見る

再びA540号線へ出て先へ進むと、二〇〇一年四月六日、口蹄疫の中、サーストストン・コモンに沿った公道で出会った青年が私を連れて行ってくれたサーストストン・コモンの出入口に行き着いた。ここから先は私にとって初めての土地だ。先へ進む。ようやくヘルズビィ・ヒルの頂上に辿り着くことができた。三六〇度の眺望を得ることができる。ディー川を越えて北ウェールズの山並みを眺めることができたし、マージィ川の向こう側にはリヴァプールやそこを取り巻く工業都市群が見られた。北方にはフォーンビィの砂丘や松林もある。これだけでもナショナル・トラスト運動が、政府のグリーン・ベルト政策とあいまって、リヴァプールとそこを取り巻く工業都市群の都市化を相当程度に阻止しているのだと言っても言い過ぎではあるまい。

チャドウィッチ・グレンジ農場からバーミンガムの市街地を見る

それではバーミンガムの近郊はどうか。二〇〇一年四月七日、口蹄疫の中、訪ねたチャドウィッチ・マナー・エステートを再び訪ねることにしよう。八月二一日、午前八時半にロンドン・ユーストン駅を出発し、バーミンガム・ニュー・ストリート駅で乗り換えてバーント・グリーン駅に着いたのは午前一一時ごろであった。ここからタクシーでチャドウィッチ・グレンジ農場へ。残念ながら犬は吠えるが誰もいない。しばらく待つが、帰ってきそうもない。インタビューのための質問書も用意していたのだが、アポイントメントも取っていないのだから諦めるしかない。

やむをえずバーミンガムやウルヴァハムトンの遠景を得られるところを求めて、農場の歩道を登っていった。登りつめたところが格好の展望台になっていた。ここでようやくバーミンガムやウルヴァハムトンの市街地を眺めることができた。チャドウィッチ・マナー・エステートの面積は四三二エーカーだ。

ここから東へリッキィ・ヒルズを挟んで二マイルのところにあるコフトン・ハケットは面積四四・五エーカーの農場である。それから北西のほう約二マイルのところには四四三エーカーを有するクレント・ヒルズがある。トラストの大地がグリーン・ベルトの実質部分を占めているといっても過言ではあるまい。さらに西方へはキダミンスターの北方四マイルのところにヒース地と森林地を有するキンバー・エッジがある。

それからロング・マインド（Long Mynd）はバーミンガムとウルヴァハムトンの近郊とは言えないが、シュルーズベリィの南方約一五マイルのところにあり、標高五一八メートルで、五八六一エーカーの面積をもつ山岳地帯（moorland）である。私はずいぶん前にシュルーズベリィ駅から列車で二〇分足らずのチャーチ・ストレットン駅に降りた。駅から北のほうへしばらく歩くと、ロング・マインドの標識が眼に入った。左へ入りしばらく進むとトラストのショップやインフォメーション・センターがあったが、それを見過ごし前進すると、いよいよ山岳地になった。引き込まれるようにして登っていった。途中でマウンティン・バイクを抱えた若者にも出会う。この頃若者たちの間にマウンティン・バイクが流行っていたのだろうか。トラストも場所によっては許可していたようだが、歩道の草が傷むというトラストの人々の苦言も聞いたことがある。

頂上に登ると三六〇度の眺望が得られた。とても広大な頂上だ。いつまでいても飽きることがない。前方にはウェールズの山並みが、そしてシュロップシァとチェシァの平原がはるか向こうに見え、標識板にはバーミンガムの表示もあった。

第二章 マンチェスターとシェフィールドへ
――ピーク・ディストリクト国立公園を歩く――

私が初めてイギリスへ旅立つ前の一九八五年の四月か五月のことだったに違いない。私のナショナル・トラスト研究に興味を示された一橋大学のある教授の研究室を訪ねたことがある。この時シェフィールドの近くに自然風景の素晴らしいところがあるから、是非そこを訪ねるようにと勧められた。このことは私の脳裏から離れることはなかったのだが、この年は一回だけシェフィールドとマンチェスター間を往復しただけに終わっていた。ここが国立公園のピーク・ディストリクトだということだけは確認できた。ようやくここに足を踏み入れるチャンスが来たのは二〇〇二年三月のことだ。列車の上から見る両都市間の風景は、マンチェスターの近辺を除いてすべてが自然風景だ。これはナショナル・トラスト運動によるものか、それとも政府によるグリーン・ベルト政策によるものなのか。いずれにしてもピーク・ディストリクトを歩くのが一番だ。

三月一四日から一七日までの三泊四日の滞在をカースルトンのダンスカー農場（Dunscar Farm）に

ロングショウ（ここはピーク・ディストリクトの東側にある）

予約することができた。ダンスカー農場はトラストの一〇〇周年祭を記念して贈与された農場で、現在ではB&Bも経営している。ここはカースルトンにあるが、最寄りの駅はホープだ。一四日の朝、ロンドン・セント・パンクラス駅からシェフィールド駅へ。ここからマンチェスター・ピカデリー行きの列車に乗り二八分でホープ駅に着く。ここからカースルトンへ向かう。もちろん歩いていくつもりだ。駅で降りた時、探しながらそちらへ向かうと電話したのだが、ご主人が車で迎えに来てくれた。四月からは農作業が忙しくなるそうだ。

この日は周辺を散策しながらピーク・ディストリクトの雰囲気を感じ取ることにした。トラストは現在のところピーク・ディストリクト国立公園の一二％強を所有しているが、この国立公園は大まかに言って、ハ

ピーク・ディストリクト

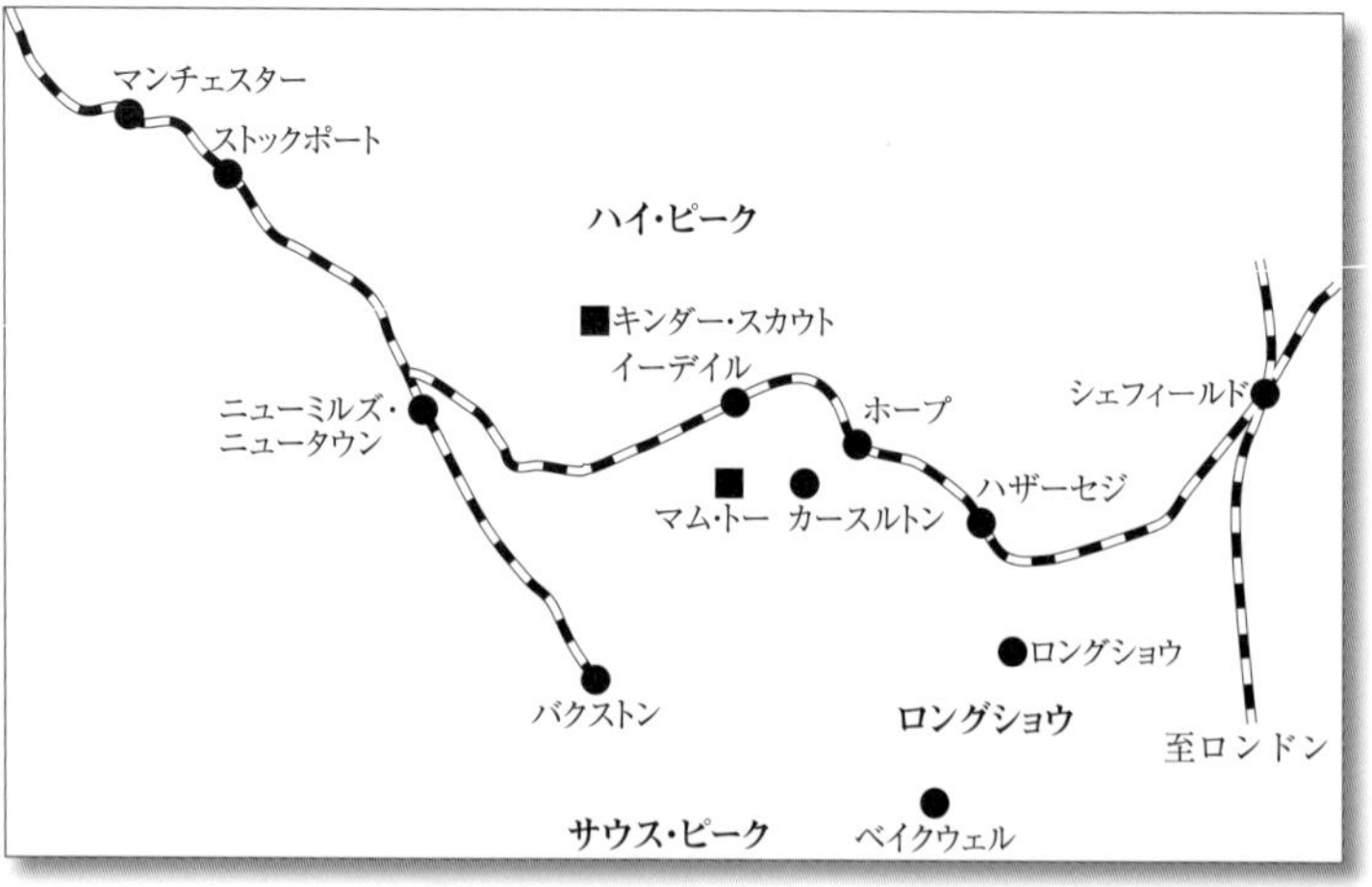

イ・ピーク（High Peak）、ロングショウ（Longshaw）、そしてサウス・ピーク（South Peak）に分かれる。ハイ・ピークはマンチェスターに近く、ロングショウはシェフィールドに近い。

翌一五日、ピーク・ディストリクトの土地感を得るために、カースルトンのバス停からホープとハザーセジ（Hathersage）を経由してベイクウェルまで南下した。

一六日には念願のロングショウへ。カースルトンのバス停からシェフィールド行きのバスに乗る。ホープ、ハザーセジを経由して南下していくと、フォックス・ハウス・イン（Fox House Inn）の前でバスが停車した。朝曇っていた天気も晴れていた。降りたところがトラストのロングショウ・エステートだ。ここはピーク・ディストリクト国立公園の東端にあり、広大な丘陵地と森林地、そして牧場や放牧地を含む自然豊かな二五〇〇エーカー（二〇〇五年現在）を占める広大な大地である。道一つを隔てて内部へ入るとまもなく、かつて狩猟用に使われていたロッジ（未公開）があり、手前にはビジター・センターがある。いずれにも寄らず、広大な大地へと吸い込まれるようにして歩いていった。渓流に沿って歩きながら、せせらぎの音を聞く。時々放牧された羊たちをあちこちに見ながら歩いていると、人と羊、そして植物と動物が一体となっていることに気付く。

四時間ほどのウォーキングをエンジョイした後にビジター・センターに寄り、そこでランチを取る。そこでは一名のボランティアの女性と二名の女性スタッフが生き生きと働いている。シーズンに入ると、これだけの人数ではとても足りるまい。あるいはボランティアとして若い人たちが数多く参加するのだろうか。数年前、ロンドン近郊のバッキンガムシァにあるトラストのワデスドン・マナーで、女性スタッフと数名の男女学生のボランティアたちに集まってもらい写真を撮らせてもらったのを思い出す。彼らの生き生きとした笑顔が忘れられない。

一七日には、カースルトンのバス停からウィナッツ・パス（Winnats Pass）を通り、マム・トー（Mam Tor）へ登りつめて、イーデイル（Edale）駅へ下っていくのだが、うまくいくだろうか。午前九時三五分発のバスの乗客は私たち夫婦二人きりだった。ドライバーが各所の説明をしてくれる。マム・トーから見るホープやカースルトン、そしてイーデイルの村落地を見下ろす広大で自然豊かなハイ・ピークのオープン・カントリィサイドの風景は私たちの胸を打つほどの美しさだ。ここが全てトラストの所有地であるわけではない。なんとしてでもこの自然豊かな美しいオープン・カントリィサイドをいつまでも残しておきたいものだ。

イーデイル駅には予定通り一〇時に着いた。しかしマンチェスター行きの列車は来ないという。

グレアム・マーフィ氏と

駅は無人駅だ。万事休すか。こういう時の人の親切こそ身に沁みる時はない。近所の婦人が呼んでくれた車でニュー・ミルズ・ニュータウン駅まで行き、そこからマンチェスター・ピカデリー行きの列車に乗ることができた。目指すはリヴァプールだ。マンチェスターからは代行のバスで行くことになった。なぜこうなるのか。いつもの復旧工事（engineering works）のためであろう。よほど土・日の列車旅行には気をつけねばなるまい。

リヴァプールに着いたのは三時を過ぎていた。午後七時に、私の訳書『ナショナル・トラストの誕生』（緑風出版、一九九二年）の著者、グレアム・マーフィ氏が私たち夫婦の宿泊先のホテルに来てくれた。彼はこの年、トラストから再版された同書の廉価本（paperback）を持っていた。ついにトラストによって廉価本が刊行されたことを一緒に喜ぶ。ナショナル・トラストの成立史はとても大切である。できるだけ多くの人々に読んでもらいたいものだ。

話がそれたが、私はこの時のピーク・ディストリクトへの旅に十分に満足していたわけではなかった。確かにピーク・ディストリクトがマンチェスターとシェフィールドという二つの大都市の間にあること自体が、特に働いている人々にとって大変有益であることは分かった。それにピーク・ディストリクトの一二％をトラストが所有していること自体、トラストが両都市の都市化のさらなる阻止に大いに役立っていることも実感できた。しかしまだマム・トーの西北部にそびえるキン

キンダー・スカウト

ダー・スカウトには足を踏み入れていない。ハイ・ピークにあるキンダー・スカウトに立てば、ピーク・ディストリクトの心臓部であるこの地を他の角度から一望できるはずだ。

四月三日、今度は単身、私はマンチェスター・ピカデリー行きの列車に乗った。イーデイル駅に着いたのは午後一時三〇分だ。駅近くのホテルに宿も取れた。午後二時にはいよいよキンダー・スカウトへ向かう用意もできた。頂上に立つことなど望み得ないが、この年の滞英期間中にその素顔の一部だけでも確認しておきたかった。天気も良い。イーデイル駅のほうから見るこの山は標高六〇〇メートルで、むしろ丘と思える優しい顔をしているのだが、登山路次第では三五三九エーカーの面積をもつ岩山だ。それでもここには二つの農場（hill farms）がある。幸か不幸か私は岩山のほうの登山路を選んでしまったらしい。まずは羊たちを左右に見ながら、岩の多い歩道を進む。登るうちに断層地塊（massif）が前面に立ちはだかる。途中で諦めて下山することを考えながら登る。頂上から降りてきた男性に聞くと、頂上まであと一〇分。安全を望むなら一五分だと言う。ありがたいことにこの言葉に乗せられた。ついに登頂に成功したのだ。頂上から見下ろす自然風景に満ちたオープン・カントリィサイドは素晴らしい。

キンダー・スカウトに向かう手前にビジター・センターがあった。ここはトラストのビジター・センターではない。登る前に寄ってみた。キンダー・スカウトをはじめイーデイル渓谷やウィナッツ・パス、そしてマム・トーはトラストの所有地だ。政府・行政とナショナル・トラストがパートナーシップを組み、協力し合わない限り、この素晴らしいピーク・ディストリクトを維持・管理し、しかも良質のものにできるはずがない。ビジター・センターの説明役の男性がこのとおりのことを言ったことを、私はキンダー・スカウトの頂上に立った時、そのままに信じたいと思った。

翌四日の朝、私は朝の散歩を楽しんだ。清々しい朝の散歩だった。車道に出てしばらくすると、三名ほどの若者が乗った車とすれ違った。その時ランブラー（Rambler）といういくらか毒気のある言葉を投げつけられた。この言葉の日本語を見つけるのは難しいが、強いて言えばのんびりと散歩している人への当てつけを表しているのであろう。

この種のいくらか不愉快な体験は、他にも数回経験しており、理解に苦しんでいるところだった。後日、ロンドン近郊を歩く中でヒントを得ることになるかもしれない。ロンドンへはシェフィールドを経由して帰ることにした。

第三章 ロンドン近郊を歩く

――都市と農村との均衡ある発展を目指して――

トイズ・ヒルとボックス・ヒルを歩く

二〇〇〇年三月一三日、ロンドンの近郊にあるケント州のトイズ・ヒルを歩いてみた。ここはオクタヴィア・ヒルゆかりの土地である。トイズ・ヒルの名は彼女に因んだ名称だ。一九八一年にはトイズ・ヒルに隣接する同じ森林地であるオクタヴィア・ヒル・ウッドランズも贈与されている。静寂の中、存分に思索を深めることができた。昼時に立ち寄ったパブでは、土地の人たちとの話が弾んだ。都市化が進み、緑豊かな郊外地が壊されていくこと、文明と文化とは本質的に違うことなど意見は一致した。大地＝自然とは何かを考えさせられた一瞬であった。

わが国では文化と文明という言葉が実にあいまいに使われているようだ。文明は英語のcivilization の訳語として定着し、ラテン語の「civilis」（城内に住む都市住民で規則を守る市民）を語

ロンドン近郊

源としている。文化は英語のcultureの訳語として定着し、これはラテン語のcultura（土地を耕し、農作物を栽培すること）に由来する。このことはcultureの動詞がcultivate（耕作する、栽培する）であることからも明らかだ。このように考えると、文化は人と大地＝自然とのかかわりに根ざした言葉であるのに対して、文明は工業化と都市化に伴う諸事象であると考えてほぼ誤りではあるまい。(1)やはりわが国でも、文化と文明は峻別して使われるべきだ。
さて私はもうこの頃にな

トイズ・ヒル

ると、止むをえないと思われる時には、タクシーを公共交通機関だと心得て使用するようになっていた。この日はロンドン・チェアリング・クロス駅を出発し、セヴェノークス駅で下車。タクシーでトイズ・ヒルへ向かった。途中イード・ヒルの標識に気づいた。ここも大部分がトラストの初期（一八九九〜一九二〇年）に購買された森林地で、トイズ・ヒルに隣接している。第二次世界大戦中には同じくトイズ・ヒルに隣接する七一エーカーの森林地であるブラステッド・チャートが購買されている。それからすぐ西のほうにはかつてチャーチルの邸宅でもあったチャートウェルもある。このように見てくると、このあたりはロンドン近郊にありながら、トラストの大地が広大なグリーン・ベルトを形成しつつあると言ってもよさそうだ。

以上紹介したトラストのロンドン近郊の土地は、私が歩いたロンドン近郊地でもほんのわずかな土地である。ロンドンはトラストの創始者三名が深い関係を有していたところだ。とくにロバート・ハンターとオクタヴィア・ヒルがそうである。だからトラストの初期の頃からの資産の多くのものが、創始者三名が住み、かつその保護にかかわっていた土地であるケントやサリー、または湖水地方にあったということは、この時期におけるトラストの個人的な性質を物語るものだ。

したがってロンドン近郊のトラストの所有地は他の都市の近郊のそれよりも多い。だからこれから私が描くトラストのロンドン近郊の大地＝自然をより立体的に実感するために、できれば本書に掲載されている地図と写真以外の地図も参照されることを希望したい(2)。

ところで私自身、二〇〇一年「口蹄疫（foot and mouth disease）のなか、ナショナル・トラストをゆく」（『人間と環境』第二七巻第三号）を公けにして以降、特にロンドン近郊を歩くことに努めた。工業化と都市化が止まない限り、都市の肥大化は無限に続く。それ故にこそイギリス政府がロンドンをはじめ一四都市にグリーン・ベルトを指定しているのだ。それにトラストが都市化の阻止に努力している。わが国だけが都市化を野放しにしておくことを許されるはずもない。

二〇〇二年三月七日、私はサリー州のボックス・ヒルの展望台（view-point）に立ってみた。もうこれで何回目だろうか。ここはロンドンから近い。そういうこともあって、トラストがオープン・スペースへの一般の人々のアクセスを重視しながらも、アクセスそのものが深刻な問題を生み出すことに苦慮していたこと(3)を思い出していた。それはともかくこの白亜質の丘陵地と森林地はトラストの創始者の一人、ロバート・ハンターが死去した翌年、一九一四年に贈与された。この年の

ボックス・ヒルの展望台から眺めるロンドン近郊の風景

贈与地は二三二・五エーカーであった。それ以後この土地は次々と獲得されていき、現在では一〇九七エーカー（二〇〇五年現在）となっている。

　私は一九九一年九月五日、カントリィ・ハウスのポレスデン・レイシィにある南部事務所（現在、改組されて南西部事務所）のはからいで、ほぼ半日をかけて車でボックス・ヒルをはじめ周囲のトラストの多くの資産を見て回ったことがある。この時、この事務所が管理する農場を直接に見たことが、これまでの私のトラストの農場経営への関心をより深く傾斜させていった契機となったように思う。こういうこともあって、私にはロンドン近郊には特別の思いがあると言ってもよいかもしれない。当初のボックス・ヒルは、ある高潔な人物がここを買い取り、トラストへ贈与してくれたのである。これは幸先の良い、しかもハンターの最後の仕事としても最高のものと言ってよかった。すでにここはロンドンっ子には有名な白亜質の丘をもったオープン・スペースで、頂上に立てば視野の開けた行楽地としては絶好の場所である。管理・運営のための地方委員会もできた。これ以降この地は次々とその面積を増やしていったことは先にも述べたとおりだが、今後もその守備範囲を増やしていくことが期待されよう。

ボックス・ヒルの展望台からの自然風景に富んだ景色をしばらく眺めてから、もと来た道を下りて、ボックスヒル・アンド・ウエストハンブル（Boxhill & Westhumble）駅へ向かう。そこを通り過ぎてしばらくすると中世の礼拝堂の遺跡であるウエストハンブル・チャペル（Westhumble Chapel）が左に見える。ここも一九三八年にトラストへ贈与されている。もう少し進むとチャペル・ファーム・フィールズ（Chapel Farm Fields）だ。ここはつい最近まで個人所有の農場だった。二〇〇一年三月一五日、口蹄疫の中、この道を通ってポレスデン・レイシィへ向かっていた時だった。この農場のある場所に着くと、ナショナル・トラストの標示板が立っているではないか。ここもトラストになった！とビックリしたが、よく考えればビックリするほどのことではないのだ。トラストの会員も、トラストの資産も確実に増えているのだ。

この日（二〇〇二年三月七日）は、ポレスデン・レイシィへは行かず、左に折れてランモア・コモンへ入っていった。この四七〇エーカーの森林地は、一九五九年にトラストへ譲渡されており、九一〇エーカーの土地を有するポレスデン・レイシィと道一つを隔てて境を接している。ついでにチャペル・ファーム・フィールズについて言えば、ここは一九二エーカーの農場で、一九九八年に購買されている。結局この日は四時間半ほど歩いてドーキング駅に帰り着いた。

この辺りはランモア・コモンを除いて、数回訪ねたことがあるから、いくらか土地感もある。今回はトラストが政府のグリーン・ベルトの指定に加えて、いわゆる郊外の肥大化（suburban sprawl）の阻止にどれほど貢献しているかを実感するためだった。だから今回はボックス・ヒルの展望台に立ち、地図を手に、この地域のトラストのそれぞれの土地を確認し、それぞれがトラストの創立以来、次第に点と線を描きつつ、ついには面を形成していくのだということをこの眼で確かめたかったのである。ここまではロンドン・ウォータールー駅から一時間足らずである。

その後三月中は、トラストのいわゆる遠隔地を歩いており、時々ロンドンに帰ってきていた。三月三一日にラジオで知ったのだが、エリザベス皇太后が三〇日午後三時一五分にウィンザー城で死去したようだ。皇太后は一九五三年以来、トラストの総裁（President）を務めた人だ。ウィンザーに行ってみる。すごい人だかりだ。それにしても皇室と国民との関係がこんなに近くに感じられるとは。皇太后の一周忌を迎えると、チャールズ皇太子がトラストの総裁になった。

それはとにかくウィンザー城からはるか南のほうへ延々と続くザ・ロング・ウォーク（the Long Walk）がトラストのラニーミード（Runnymede）とつながっているのではないかと考えたが、この日は確かめることができなかった。この辺りにはウィンザー城とイートン校の間にあるゴスウェルズの一部をなす牧場が住宅地として売りに出されたのを、当時存命中のエドワード七世（一九〇一～一九一〇年）やウィンザー市長などの支援も受けてトラストが得た土地もある。それにラニーミードからテムズ川を越えた北岸にはアンカーウィック（Ankerwycke）もある。ロンドン近郊でのトラストの緑化の役割について、そろそろ気になり始めていた。

しかし翌四月一日には、またもイングランド西端の駅、ペンザンス行きの列車に乗り込んでいた。イギリス最南端の地、トラストのリザード岬（Lizard Point）に立つためだ。天気は上々。ペンザンス駅近くのバス停でヘルストン経由のファルマス行きのバスが待っていた。ヘルストンへ。ここからタクシーでリザード岬へ。なんとかB&Bも見つかった。いよいよ海岸線へと向かう。ついに「リザード・オールド・ヘッド」（Lizard Old Head）という標識を見つける。リザード岬にも立った。今度はイギリス海峡を眺め、そして翻って後背地にも眼を向けた。これからの健全な地域経済を思い描きつつ、持続可能な国民経済にも思いを馳せた。

夜、この村の中心にあるレストランで夕食を取る。パブ兼営だ。間もなくパブのほうで合唱が始まった。地元の人たちだという。それぞれ思い思いの楽器を奏でながら合唱が始まる。誰かが歌い始め、村の人たちがそれに続いて合唱を始める。何曲も続く。わが国にもこのような慣習がまだ残っているのだろうか。外に出ると満天の星空だった。翌二日には、比較的早くロンドンへ帰り着いた。

ロンドン近郊南部地帯を歩く

イギリス滞在もあと九日間に迫った二〇〇二年四月五日にようやく、マグナ・カルタの調印で知られるラニーミードへ行くことができた。ロンドン・ウォータールー駅からイーガム（Egham）駅へは二〇〜三〇分だ。ラニーミードへはここから歩いていける。一部は特別科学研究地域（SSSI）に

ラニーミード：マグナ・カルタの記念碑。テムズ川の向こう側はアンカーウィック

も指定されている自然豊かなテムズ川に沿った広大な大地だ。牧場もあり、牛が草を食んでいた。あのウィンザーのザ・ロング・ウォークに直接つながらなくともウィンザーの広大な緑地帯につながっていると言っていい。

テムズ川を隔てた北岸には一四八エーカーを占めるアンカーウィックもある。ここは野生生物の宝庫でもある。この辺りから東のほうへはリッチモンド・コモンやウィンブルドン・コモンがある。この辺りは緑豊かな郊外地だ。テムズ川に沿ったところにはトラストのハム・ハウスもあるが、ここからそれほど遠くないところに同じトラストのイースト・シーン・コモンがリッチモンド・コモンの北部に隣接している。

イースト・シーン・コモン（焼かれたモーターバイクが放置されていた）

イースト・シーン・コモンを訪ねた六日は晴れていたのだが、風が強くて寒かった。だが森の中は暖かい。そして静かだ。それだけではない。ここでは野生生物も守られている。人間は単独では生きてゆけないことを知るべきだと思う。ここだけではないが、ここの管理には自治体（London Borough of Richmond upon Thames）が一役買っている。もちろん各種のボランティア団体の協力も得ている。トラストと地域の人々との協力体制が整いつつあることはすでに述べたとおりだ。だが都市ということになると、ことはそう旨くはいかないものだろうか。ここのトラストの標示板は無残にもすっかり汚され、判読さえもできなかった。森の中には三々五々人々が歩いているのだが、もう少し先へ進むと、焼かれたモーターバイクが放置され、近くのベンチは一部焼け焦げていた。都市にはもはや人と人とのつながりがなくなってしまったのだろうか。

七日も快晴。この日はウィットリィ・コモン（Witley Common）を目指す。ここを歩くにはウィットリィ駅で降りるよりミルファド（Milford）駅で降りたほうが良さそうだ。ここまではウォータールー駅から各駅停車の列車で五〇分あまりだ。車窓から見るサリーの風景も新緑が目立つようになった。東京近郊の風景とはまるで違う。

駅を降りて三キロメートルほど歩くと、ミルファド・コモン（Milford Common）のトラストの標示板が眼に付いた。その奥のほうにウィットリィ・コモンがある。ヒースと低木の中にある歩道を歩いてゆくと、修復中と思われるビジターー・センターがあった。閉館中と思われ、そのまま進んでいくと、途中で二人のサイクリストに会う。

しばらくすると乗用車が通り過ぎた。この道が車道であったかどうか、今となってはわからない。車の中には若者が数名乗っているようだった。サイクリストの一人が走り去った車を指して「質《たち》が悪い」（bad behavior!）と言った。そうだったのか。私もこれまでなんどか車の中から、冷やかしとも罵声ともつかぬ言葉を浴びせかけられたことがある。つい最近では四月一日の夜、コーンウォールのリザード岬のパブを出て満天の星を見上げた時である。車の中からランブラーという言葉を投げかけられた。何とも言えぬ不愉快な思いをしたことを覚えている。これは単なる偶然ではなさそうだ。最近の若者たちの心が荒み歪んでいることや、車が多すぎることなどを話して、お互いに「エンジョイ」と言って別れた。

歩いているうちに車道に出た。ひっきりなしに車が走っている。道を横断すると、オクステッド・グリーン（Oxted Green）の標示板が立っていた。ここもトラストだ。確実にトラストの資産は増えていく。それにしても車が多すぎる。騒音がうるさく歩道を歩いていても、その速さに恐怖感すら覚える。

八日も晴れ。ロンドン・チェアリング・クロス駅へ。ペッツ・ウッド（Petts Wood）に行くためだ。乗り合わせた上品な老夫婦がグローブ・パーク（Grove Park）駅までがロンドンだと教えてくれる。それでもこの駅から三つめがペッツ・ウッド駅で、三〇分ほどで着く。結局この日はペッツ・ウッドばかりでなく、チッスルハースト・コモン（Chislehurst Common）とホークウッドをも歩くことができた。ロンドンからこんなに近いところにこれほどの緑地帯があるとは！　三つとも緑地帯だが、低木や樫、ナナカマド、セイヨウトネリコ、松類など多くの種類の巨木があり、私たちの心を和ませてくれる。それればかりではない。農業用地もあるということにも注目したい。右手に耕作地を見ながら歩いて行くと、チッスルハースト・コモンの出入り口に着いた。そこは静かなたたずまいの住宅街だ。車のところにいた老人にチッスルハースト駅を尋ねると、車に乗れと言ってくれる。「あなたはついているね」と言われたが、そのとおりだった。列車はすぐに来た。今度は二五分足らずでチェアリング・クロス駅に着いた。

帰国するまでもう時間がない。帰国までには農業部門などを扱う本部の一つであるコッツウォルズのサイレンシスターの事務所を訪ねたい。九日の午後二時に事務所を訪ねた。農業部門担当責任者のロブ・マクリン氏も現自然保護担当理事のピーター・ニクスン氏も多忙で不在とのこと。幸いに各部門補佐担当員（Section Administrator）のアン・メラー女史に会うことができた。彼女には私の論文執筆のための便宜を図ってもらったこともある。私たちはそのほか色々のことを話したのだが、次のことだけを記しておこう。例の若者の質《たち》の悪さについて言ってみた。彼女も一瞬「処置なし」の風をしたが、すぐに気を取り直して、新理事長のフィオナ・レイノルズ女史が「教育」を重視していると言った。言うまでもなくトラストは児童の自然保護教育のためであれ、生涯教育のためであれ、十分な「場」と時間を持っているのだ。私も彼女に賛成した。将来に期待しよう。

四月一一日には、時間を見てロンドン北部のハムステッドのツー・ウィロウ・ロード（2 Willow Road）へ行ってみた。入館時刻を過ぎていたが、入れてもらった。ここは最近トラストへ贈与された建物で、ある画家の一九三〇年代のアトリエ兼住居である。トラストも最近に至り都市自体にも関心を持つようになったことは、リヴァプールのジョン・レノンの幼少時代の住宅であるメンディプス（Mendips）が彼の妻であるオノ・ヨーコさんによって贈与されたことからも明らかである。

一二日には、ヘイズルミア駅の近くにあるハインドヘッドへ行ってみた。ここはトラストの創立者の一人であるロバート・ハンターが地元の人たちと一緒になって活躍したところだ。いまやこの地域は点から線を描きつつ、大いなる大地をなしている。ここには彼を記念するためにワゴナーズ・ウェルズ（Waggoner's Wells）もある。数年振りにハインドヘッドの展望台であるギベット・ヒル（Gibbet Hill）に立つ。

ハインドヘッドからの眺望。向こう側にはトラストのオープン・スペースが拡がっている

しばらくの間、私ははるかロンドンのほうを眺め続けた。ここでも今や広大な自然豊かなトラストの大地が形成されつつある。私がトラスト研究を志して以来、歩いてきた大地、そして未だ歩くことを得ていない緑の大地を目に収めていた。先日歩いたばかりのウィットリィ・コモン、もう少し東のほうへ行けばウィンクワース・アボリータム(Winkworth Arboretum)がある。ここから二キロメートルほど南下すれば、ハイドンズ・ボールが、もう少し南下すればハンブルドンだ。後の二つの大地は、まだ歩いていない。もう少し北東へ向かうとボックス・ヒルだ。

もっと東へ行けばライゲイト・ヒルやコリー・ヒルがある。私にとっては懐かしいところだ。もっと東のほうのロンドンから列車で一時間足らずで着くセヴェノークス駅周辺には、今や広大な自然豊かな大地が形成されつつある。この地域はオクタヴィア・ヒルが活躍したところだ。ここではロンドン近郊の南部だけを描写してみた。これだけでもナショナル・トラストが独自でロンドン近郊に、政府のグリーン・ベルト政策とあいまって立派な緑地帯を形成しつつあるのだ。

しかし、トラストも都市部において大きな難問を抱えつつある。トラストの戦略的な目標がカントリィサイドの再生であり、かつ都市化の阻止であることは何度も述べた。そうである限り、ナショナル・トラスト運動が都市化から生じる諸々の悪弊から免れるはずもない。私の体験を記しておこう。

これまでも幾度かトラスト地内での私の苦い体験を記してきた。今回はハインドヘッドのA287の歩道を歩いていた時の体験を記しておく。ここから見るトラストの森林は私に深い感銘を与え続けた。しかしあちこちに塵や大きな廃棄物が捨ててあるではないか。これは若者の所為だけではない。しかもバス・ストップにある時刻表さえも取り外されている。資本主義下、工業化と都市化、そして農村の衰退は続く。それに都市が病んでいく。人間社会のこの三重苦というより多重苦にトラストはいかに対処しようというのか。

人の心の疲弊については、人間も自然の子である。ナショナル・トラスト運動こそ自然環境保護運動である。これこそは人間をはじめ生きとし生けるものすべてを救うための運動だ。いくらか気落ちしてロンドンに帰った私は、なぜか私の訳書『ナショナル・トラストの誕生』の写真に載っている中世の橋を見てみようという気になった。このイーシングの橋はハインドヘッドからそれほど遠くない。

翌一三日、ゴダルミング駅に降りた私は何人かの人たちに尋ねながら、この橋に行き着いた。さすがに古い橋だ。車は徐行しながら渡っていく。こんなところにもトラストが！　すぐそばには、古いパブもある。イギリスの懐の深さとはこれを言うのだろうか。平静を取り戻した私は、ゴダルミ

イーシングの橋

ングの町へ帰って行った。一九八五年一二月二九日、ウィンクワース・アボリータムのほうへ向かって行った坂道も見つかった。あの日、この美しいアボリータムは、雪で覆われていた。その中に三名の親子連れがいた。後ろから眺めながら私は思った。あの子はきっとこの体験を忘れまい。そしてこういう子たちがナショナル・トラストを支えていくのだろうと。

第四章

再びロンドン近郊を歩く

――都市化の阻止を目指して――

二〇〇三年七月二六日、私たち夫婦はロンドン・ヴィクトリア駅を出発してホームウッド(Holmwood)駅で降りた。今度こそリース・ヒル(Leith Hill)とそこにあるタワーに登って見ようと勇んでいた。人に尋ね、地図に頼りながら漸くリース・ヒルに辿り着き、タワーにも登ることができた。タワーからは三六〇度の風景が、しかも自然風景を見ることができた。ノース・ダウンズもサウス・ダウンズも見渡すことができた。晴れていればもっと素晴らしい風景が見られるとのことだったが、これで満足だった。ロンドンから列車で一時間も経たないところで、このような広大な自然風景が得られるとはわが国では考えられないことだ。リース・ヒルの面積は八六〇エーカーだ。トラストの所有地がロンドン近郊で、点から線へ、そして面へとその勢いを伸ばしつつある。このことを実感するには直接歩いてみるのが大切だが、地図を参照するだけでも役立つ。帰りのホームウッド駅への途中で、私たちはまたも道に迷い込んだ。幸いに途中で会ったサイクリストに尋ねると、あちこちと走り回って駅への確かな道を示してくれた。

二八日にはヴィクトリア駅からレドヒル（Redhill）駅へ。そしてそこで乗り換えてライゲイト（Reigate）駅へ。この駅近辺の変化には驚いた。ビルが立ち並んでいる。二〇年前とは大変な違いだ。車の騒音もひどい。しかし目指すライゲイト・ヒルとコリー・ヒル（Colley Hill）は間違いなくあった。あの時はハリケーンによる樹木の倒壊により「森林災害アピール」（Tree Disaster Appeal）が行われており、復旧作業中でもあった。まだ木が倒れた後も残っており、当時のすごさが思い起こされた。

しばらくライゲイト・ヒルを進むとコリー・ヒルに出た。ここは芝生で覆われた広々とした丘陵地である。コリー・ヒルから見下ろす森に囲まれた住宅地にも建物が増えたのだろうか。隣に座っていた紳士に聞いてみた。住宅はそれほど増えていないが、南のほうへ一二キロメートルほど離れたところにあるガトウィック空港が開発されたところだと言って指差してくれた。

このコリー・ヒルは第一次世界大戦前、人口の増加と建物の増築のために年々少なくなりつつあるオープン・スペースを確保するために購買されたところだ。ナショナル・トラストの初期の頃の人たちの予想が的中したことを痛感した。帰りはこの丘の白亜質の坂を下りて、ライゲイト駅へ向かうことにした。坂を下りる途中、私たちはこの丘の斜面の上を雲が走り、その影がその斜面を滑るように走り去り、そのあとに太陽の光が再びこの丘を光り輝かすのを見た。この素晴らしい光景については、ローンズリィも、またオクタヴィア・ヒルもどこかで書いていたようだ。

三〇日には何度も訪ねている面積四五〇〇エーカーのアシュリッジ・エステートへ。ここはロン

リース・ヒルからサウス・ダウンズを眺める

ドンの北西部に位置する。ここへはロンドン・ユーストン駅からバーカムステッド駅へ行き、そこからタクシーでアシュリッジ・カレッジへ向かった。数年前ならここまで歩いてきたものだが、この頃ではタクシーも利用することにする。ここから六〜七キロメートル歩いてアイビンホウ（Ivinghoe）を目指す。途中、駐車場のあるところに警察の警告が、トラストの標示板の下に赤字で掲示されているのに気づいた。「盗難の危険あり。注意せよ！」と書いてあるではないか。ここにも都市化による危機が忍び寄っているのだ。

ようやくアイビンホウの丘の頂上に辿り着いた。丘の上では何組かの親子連れが凧を揚げて遊んでおり、他の人達はグライダーを操縦していた。ランチを取り、他の人々と会話を楽しむ。しばらくしてかつて知った帰路を取り、オールドベリィの村へ向かう。数回歩いただけでは記憶にさえないところがあるのに気付いたりする。この村に着き、しばらく休んでいるとバスが来た。トリング駅にも寄るバスだ。トリング駅からロンドン・ユーストン駅までは四五分ほどで着いた。

九月五日には、今度は私一人でユーストン駅からトリング駅へ向かった。トリング駅から徒歩で直接オールドベリィの村へ行こうというわけだ。トリング駅前の公道を右に折れてしばらくして、耕作地にある歩道を取ることにした。イギリスには時々このような歩道があるのだが、その歩道を選んだのである。少し先には三〜四名の婦人たちが歩いていたのだが、途中で姿を消したようだ。しかし順調にオールドベリィ村に着いた。この村はアシュリッジ・エステートに接しているのだから「この村のアメニティは永久に守られるのですね」と言ったことを、随分前にこの村の店舗付きの小さな郵便局で話したことを覚えている。そういうこともあって一度この村を歩いてみようとかねがね考えていたのである。確かに私の言ったことは間違ってはいなかったけれども、時々通り過ぎる車には悩まされた。

九月六日、イギリスを離れる前日だ。すでに訪ねたこともあるロンドンの郊外というより、グレーター・ロンドンの範囲内にあるモーデン・ホール・パークに行ってみよう。ここにはグレーター・ロンドンのマートン自治区（Borough of Merton）がナショナル・トラストから土地を借り受けて（lease）、独自に管理・運営しているディーン・シティ・ファーム（Deen City Farm）がある。ここを訪ねてみよう。

ここはトラストのモーデン・ホール・パークから鉄道線路を一本隔てた所にある。それほど広くはないが、青少年を育てるには十分な広さだ。ここには馬や羊、牛、家禽類などが飼われている。こ

コリー・ヒルから眺めるロンドン近郊地の風景

アイビンホウ。ここから眺めるロンドン近郊西北部の眺望

こが私を惹き付けたのは、ロンドンの一行政区がトラストから土地を借り受けて、青少年の育成のために独自に利用していることであった。考えていたとおり、この日は土曜日でもあり、ブーツを履いた小中学生がいた。これらの若者たちが将来を担っていくのだ。

しかしその反面、モーデン・ホール・パークはどうか。トラストの各所にある標示板は無残にも惨澹たる有様だ。判読さえできないほどにペンキで汚されている。ベンチさえも汚されている。先に記したリース・ヒルでは、トラスト自体が、わが国でもよく見かける「車の中に貴重品を置かないように」という警告板を置くに至っている。工業化と都市化が進行する過程で、人心の荒廃も進んでいるのだ。

ディーン・シティ・ファームにて

荒らされているモーデン・ホール・パーク

おわりに

私自身、本書を執筆する過程で、トラストが成立以来着実に成長しつつ、今では国民的運動を展開できるほどの強力な民間の組織体に育ってきたことに深い感銘を受けている。しかしそれと同時に人間社会、というより地球環境への脅威が確実に拡大しつつあることにも気付かされている。このことは最近では、新聞紙上を見るまでもない。それではなぜこれほどまでに地球環境危機が叫ばれるに至っているのだろうか。

資本主義経済下、工業化と都市化、そして外国貿易は加速度的に肥大化していく。それではそもそも工業化は、一体どこで始まったのか。資本制的生産様式に先立つ封建的生産様式の中で農村工業が胚胎し、それが都市工業へと成長する過程で、資本主義が成立し発展してきたことは明らかだ。

今日、工業化と都市化が、そして外国貿易が一段と拡大しつつある。それと同時に科学技術の発展とともに工業生産力が止まることを知らないことも私たちの知るとおりだ。このように見てくると、資本主義下、工業化と都市化が進むということは、農村地帯あるいは地域が工業化し、都市化するということにほかならず、それは結局、農村あるいは地域が消滅するのだということを意味する。だから資本主義経済が何らの歯止めもなしに進む限り、イギリスであれ、わが国であれ、一国経済が都市経済化し、農村経済ひいては地域経済と地域社会が衰微していくことは理の当然だ。

かかる状況の中で、人間社会あるいは人間を含む生物界を救済する方法はないのだろうか。もはや農村地帯の衰微は明白だ。今こそ農村地帯の活性化に眼を向けるべきだ。農村は都市に比べて、その空間域がきわめて広い。私たち人間は大地に生まれ育ち、そこで文化を育み、コミュニティを形成してきたことを、もう一度振り返って考えるべきだ。不可能を可能にしようというわけではない。

ナショナル・トラストはそもそも民間の自然保護団体として、田園地帯＝農村地帯を守り育てるために一八九五年に成立した。それ以降ナショナル・トラスト運動は成功し、将来へ向けて進みつつある。しかしそれとともに自然破壊をはじめ人間社会の疲弊も止むことがない。一九六五年にトラストがネプチューン・コースト・キャンペーンに乗り出した時の三つの標語は次のとおりであった。(1)大衆の注意を、海岸が危機に晒されていることに向けさせること、(2)保護する必要のある海岸地を贈与または購買、あるいは制限約款(1)の形で確保すること、(3)トラストのすでに所有している海岸地とネプチューン・キャンペーンによって得られた海岸地とを、ともに維持しかつその質を高めることであった(2)。

これらのトラストの目的と方針は、現在でもそっくり当てはまる。ただ(1)については、現在の状況は当時の状況に比べて格段に悪化している。というのは一九六五年、キャンペーンを開始した時には、トラストの関心は海岸の浸食ではなくて、リゾートのための建築ラッシュから海岸を守ることだった。しかし一九八〇年代後半から一九九〇年代半ばに至ると、気候変動と地球温暖化に伴う海面上昇という危機が加わった。それだけにトラスト自体の危機意識も深まった。

ナショナル・トラストが誕生して以来一二〇年以上が経過した。トラストの会員数、所有面積および海岸線のイギリス全体に占める比率は、それぞれ六％、一・五％、そして二三％である。それにそれらの占める比率は、将来にわたって増えていくだろう。トラストのオープン・カントリィサイドと海岸線は、今やイギリス全土の実質部分を占めるに至っている。会員数にしてもそのとおりだ。これにボランティア、そして支持者など国民一人一人を加えると、もっと強力だと言ってよい。このように考える時、トラストのイギリスにおける影響力は極めて大きいと言わざるを得ない。

私自身のトラストでのほぼ三〇年間にわたるフィールド・ワーク、トラストの人々へのインタビューや彼らとの会話、それに加えて一八九四年のトラストの臨時評議会の報告書を含め一二七年間の年次報告書、マガジン（*the National Trust Magazines*）、トラストの発行する数多くのパンフレット類とその他のナショナル・トラストに関する研究書を読んだ限りでの、私のトラストに関する実感は次のとおりだ。

ナショナル・トラスト運動は成立以来、いくつかの段階に分けることができるが、着実に成功しつつ、かつ年を重ねるごとに貴重な体験と学習を積み重ねてきた。これこそナショナル・トラストがナショナルであり、かつトラストである所以だと確信しているのだが、そうである限りトラストは今後も成長していくはずである。

そもそもトラストはイギリスが苦難の時代を迎えようとしていた時に創立された。そしてトラストが着実に成長し強力になってきたことも、これまで見てきたとおりだ。だからと言って順風満帆に成長を遂げてきたわけではない。

しかし自然環境危機は次々と我々に迫りつつある。トラストは各種の危機に直面しながら、それらを乗り越えてきた。そのたびに強力になってきたと言ってよい。トラストがナショナル・トラストであるからこそ、すなわち国民のほうを向き、そして国民一人一人に支持されているからこそ、トラストが私たちのトラストへの信託（trust）に確実に応えてくれるのだと信じることができるのだ。私はそのように考えている。ただしトラストが国民からこのような大きな信頼を克ち得るまでには長い年月を要したことも忘れてはならない。

トラストは民間組織であり、そしてその戦略的目標も草創時から変わることはない。私たちは本書で記したように、ロンドンをはじめイギリスの主要都市の近郊を歩いてみた。依然として都市化が続く中、政府のグリーン・ベルト政策と相俟って、ナショナル・トラスト運動がいかなる役割を演じつつあるかを見るためであった。

グリーン・ベルト政策については、イギリスでも古い歴史を有しているが、ここではとりあえず現在ロンドンを含め一四都市にグリーン・ベルトが指定され、全部で三九〇万エーカーを占め、イングランド全域の一二％である。グリーン・ベルト政策自体、都市の拡張の防止を目的にスタートしたのである。それにしてもイングランド全域の一二％がグリーン・ベルトとして指定されていること自体、私たち日本人には驚きとしか言いようがない（スコットランドと北アイルランドではグリーン・ベルトが指定されていないが、ウェールズのカーディフ近郊にはグリーン・ベルトを指定しようという提案がある）。

イギリスの農村の美しさは、わが国でも広く知られているとおりだ。しかし長い年月のうちにはイギリスの都市の近郊でも開発が行われ、建物が立ち並んでいるところに出会うことがある。イギリスといえども住宅需要の圧力下、グリーン・ベルトの線引きを変えようという動きも出てくるし、また不適切な開発が行われる危険性もある(3)。これに対してナショナル・トラストはどうか。トラストが一九〇七年の第一次ナショナル・トラスト法によって、自らの持つ資産を譲渡不能であると宣言する権利を与えられたことはすでに知られるとおりだ。だからトラストは自らの持つ大地を永久に、かつすべての人々のために保護し続けることができる。トラストの戦略的な目標こそは、地域の再生に指導力を発揮するとともに自然環境保護の重要性について理解を深めることだ。そのためにこそ教育と生涯教育を重視していることも、すでに説明したとおりだ。

それに気候変動など我々に忍び寄る脅威は一向に収まりそうもない。このような時に我々は誰を当てにできるのか。政府・行政がこのような脅威から国民を救済すべきは当然であろう。しかし進取的だと思われるイギリス政府でも限界があることは先に見たとおりである。だがトラストは国民を裏切らない。高まりつつある地球環境危機から脱出するためには、政府・行政だけでは不十分だ。政府から独立した民間組織からの救いの手が絶対に必要だ。イギリスにおいて、ナショナル・トラストが政府・行政とパートナーシップを組みつつ、協力していく姿を思い描いてほしい。

それからここで次の二つの事実を紹介しておきたい。

一つは、本書でも紹介したトラストの農業部門担当責任者だったジョン・ヤング氏からの手紙である。彼はトラストを定年退職後、トラストの一一ある地域委員会のうちウェセックスの地域委員会の委員として、トラストのために時間を割いてくれた。彼からの二〇〇四年四月二八日付けの私への手紙は次のとおりである。「私はまだ地域委員会の委員としてナショナル・トラストのためにいくらかの時間を割いています。最近私たちの委員会の委員を募集したところ、二〇〇名以上の人々がこれに興味を示し、七〇名の人が応募してきました。これはボランティアの資格で、トラストへ彼らの専門知識や技術を捧げようという人々がたくさんいるということです」。

もう一つは、私が一九八五年に渡英して以来、今日まで私のナショナル・トラスト研究を支え続けてくれているヒッグズ夫妻からの二〇〇六年のクリスマス・カードである。その中に「私たちはもう一度ナショナル・トラストに加わることにしました」と書き添えられていた。ヒッグズ夫妻がトラストのある重要な方針に反対して、会員を脱退してからもう一〇年近くが経っている。ここで注意すべきは、彼らがトラスト自体を否定したのではなく、この時のトラストの方針を認めることができなかったということである。彼らが当初からナショナル・トラスト運動を信任し続けてきたことは間違いないのである。このような例を滞英中にも私は体験している。この時にも彼らがトラストを批判する一方で、トラストを信任し続けていることに私は強い感銘を受けている。

最後にトラストの言葉を紹介して結びとしたい。

「トラストはなぜ存在し、そしてどこへ向かっていくのかを知っている。したがってトラストは次々と生じる変化に対して自信をもって対処できる組織体である。……我々はトラストの創始者たちの初心を忘れてはならない」「トラストの強さは、会員、職員、ボランティア、評議員、そして賛助会員たちのヴィジョンを共有できることだ(4)」。

「トラストの一九世紀の主な関心が、無分別な工業化に直面して美しい自然を守ることであったとするならば、二一世紀の目標は、忍び寄る脅威に直面して、美しい自然を守ることに果敢に挑戦することである。私たちの使命は未来永劫であり、私たちの生きている世界は、これまで以上にナショナル・トラストを必要としている(5)」。

ナショナル・トラストのナショナルはインターナショナルに通じ、そして「ナショナル・トラスト運動」は人類愛へとつながることも私たちはすでに学んできた。

ヤング氏宅

ヒッグズ家

[注]

(1) *Annual Report & Accounts 2002/2003* (the National Trust, 2003) p.12.

(2) Graham Murphy, *Founders of the National Trust* (National Trust Enterprises Ltd. 2002) p.63. グレアム・マーフィ著、四元忠博訳『ナショナル・トラストの誕生』(緑風出版、一九九二年)、九五頁。

●第三章

(1) 中村俊彦著『里やま自然誌—谷津田からみた人・自然・文化のエコロジー—』(マルモ出版、二〇〇四年)。「第八章　人と自然の生態系」を参照されたい。

(2) 少なくともナショナル・トラストの会員と訪問者のために毎年刊行されている *Handbook for Members and Visitors 2007* の中の地図 Map 2 と Ordnance Survey (OS) Landranger 175,176,177,186,187,188 を参照されたい。

(3) Robin Fedden, *The National Trust — Past & Present* (London, 1974) pp.104-105. ロビン・フェデン著、四元忠博訳『ナショナル・トラスト—その歴史と現状』(時潮社、一九八四年)一一五頁。

●おわりに

(1) 制限約款 restrictive covenant　トラストの制限約款の実施について、V第三章「ロンドン近郊南部地帯を歩く」で記述されているチッスルハースト・コモンの隣接地でトラストとの間に制限約款が交わされた。これはチッスルハースト・コモンのアメニティを保つために多くの規定や制限条項を設け、それらを実効あるものにするための契約である。具体的には隣接地のカムデン・コートのうちの七・五エーカーが住宅用地として販売されることになった。そのために電気、ガス、そして水道管をこのコモンを通じて引かねばならなかった。そこでこの見返りに、このコモンのアメニティを保つための多くの規定や制限条項を設け、それらを実効あるものにするための契約を結ぶことにした。例えば一定の樹木を保存し、家屋はすべて特別のデザインで、周囲との調和が図られねばならない等々。もちろんこのコモンに隣接する土地(約四分の一エーカー）がトラストに与えられた。この土地を所有することによって、トラストは常時上記の規定や制限条項を土地所有者に遵守させることができる。その他詳細な説明については、四元前掲書一九七～一九八頁、Robin Fedden, op.cit., p.122, pp.171-172、訳書一三七～一三八頁、二〇二～二〇三頁を参照されたい。

（2）以上 John Gaze, *Figures in a Landscape — a History of the National Trust* (Barrie & Jenkins, 1988) pp.206-207.

（3）以上・North Mymms District Green Belt Society — History of Green Belts, http://website.lineone.net/

・North Mymms District Green Belt Society,

・London Green Belt Council — Submission to the Select Committee on DEFRA.

（4）以上 *Annual Report and Accounts 2003-2004* (the National Trust, 2004) pp.2-3.

（5）*The National Trust Magazine* (the National Trust, Spring 2007) p.11.

【わ行】

【は行】

【ま行】

【ら行】

【さ行】

【た行】

【な行】

地名索引

【さ行】

【た行】

【な行】

索　引

事項・人名索引

【あ行】

【か行】

[著者紹介]

四元 忠博（よつもと　ただひろ）

1938年　鹿児島県に生まれる
1964年　埼玉大学文理学部経済学専攻卒業
1968年　東京教育大学大学院文学研究科修士課程入学
1972年　同大学大学院博士課程中退
1972年　埼玉大学経済学部助手
2003年　埼玉大学経済学部教授定年退職
現在　ナショナル・トラスト賛助会員
［専攻］　ナショナル・トラスト研究およびイギリス社会経済史研究
［著書］　『ナショナル・トラストの軌跡 1895～1945年』（緑風出版、2003年）
『ナショナル・トラストの軌跡 Ⅱ 1945～1970年』（緑風出版、2015 年）
『イギリス植民地貿易史—自由貿易からナショナル・トラスト成立へ』（時潮社、2017 年）
『ナショナル・トラスト 100 周年への道筋 1970～1995年』（時潮社、2018年）
『ナショナル・トラスト 将来を見据えて 1995～2005年』（時潮社、2022年）
［訳書］　ヴァンダーリント（浜林・四元訳）『貨幣万能』（東大出版会、1977年）
ロビン・フェデン『ナショナル・トラスト——その歴史と現状』（時潮社、1984年）
グレアム・マーフィ『ナショナル・トラストの誕生』（緑風出版、1992年）

ナショナル・トラストへの招待《しょうたい》〔改訂《かいてい》カラー版《ばん》〕

2023年 7月30日　改訂版第１刷発行　定価2600円＋税
2007年12月25日　初版第１刷発行

著　者　四元 忠博©
発行者　高須 次郎
発行所　緑風出版
〒113-0033　東京都文京区本郷 2-17-5　ツイン壱岐坂
〔電話〕03-3812-9420　〔FAX〕03-3812-7262　〔郵便振替〕00100-9-30776
[E-mail] info@ryokufu.com
[URL] http://www.ryokufu.com
装　幀　斎藤あかね
組　版　R企画　印　刷　中央精版印刷
製　本　中央精版印刷　用　紙　中央精版印刷　E1000

Printed in Japan　ISBN978-4-8461-2309-3　C0036

環境を破壊する公共事業

『週刊金曜日』編集部編

四六判並製
二八八頁
２２００円

構造的な利権誘導や、大規模な自然破壊、問い返されることのないその公共性などが問題となっている公共事業を、自然環境破壊の観点から総力取材。北海道から南西諸島まで全国各地の事例をレポートし、その見直しを訴える。

セレクテッド・ドキュメンタリー
エイリアン・スピーシーズ
在来生態系を脅かす移入種たち

平田剛士著

四六判並製
二六八頁
２２００円

自然分布している範囲外の地域に人が持ち込んだ種を移入種という。アライグマ、マングース、ブラックバスなどの移入種によって従来の生態系が影響をうけている。本書は北海道から沖縄まで移入種問題を追い、その対策を考える。

セレクテッド・ドキュメンタリー
ルポ・日本の川

石川徹也著

四六判並製
二二四頁
１９００円

ダム開発で日本中の川という川が本来の豊かな流れを失い、破壊されて久しい。本書はジャーナリストの著者が全国の主なダム開発などに揺れた川、いまも揺れ続けている川を訪ね歩いた現場ルポ。清流は取り戻せるのか。

セレクテッド・ドキュメンタリー
地すべり災害と行政責任
長野・地附山地すべりと老人ホーム26人の死

内山卓郎著

四六判並製
二八八頁
２２００円

八五年長野市郊外の地附山で、大規模な地滑りが特別養護老人ホームを襲い、二六名の死者がでた。行政側は自然災害、天災であると主張し、裁判闘争によって行政の過失責任が明らかとなる。公共事業と災害を考える。

ルポ・東北の山と森
自然破壊の現場から

山を考えるジャーナリストの会編

四六判並製
三一七頁
２４００円

いま東北地方は、大規模林道建設やリゾート開発の是非、イヌワシやブナ林の保護、世界遺産に登録された白神山地の自然保護のあり方をめぐって大きく揺れている。本書は東北各地で取材した第一線の新聞記者による現場報告！

大規模林道はいらない
大規模林道問題全国ネットワーク編
四六判並製
二四八頁
1900円
大規模林道の建設が始まって二五年。大規模な道路建設が山を崩し谷を埋める。自然破壊しかもたらさない建設に税金がムダ使いされる。本書は全国の大規模林道の現状をレポートし、不要な公共事業を鋭く告発する書！

検証・リゾート開発［西日本編］
リゾート・ゴルフ場問題全国連絡会編
四六判並製
三三六頁
2500円
日本の残り少ない貴重な自然を破壊し、また景気の不振によって事業自体が頓挫し、自治体に巨大な借金を残しているリゾート開発。東日本篇に引き続き、中部・近畿・中国・四国・九州・沖縄の各地方における開発の惨状を検証する。

検証・リゾート開発［東日本編］
リゾート・ゴルフ場問題全国連絡会編
四六判並製
二九六頁
2400円
リゾート法とバブル景気によって、ゴルフ場・スキー場・ホテルの三点セットを軸に自治体を巻き込み全国で展開されたリゾート開発。本書は東日本のリゾート開発を総点検し、乱開発の中止とリゾート法の廃止を訴える。

大雪山のナキウサギ裁判
ナキウサギ裁判を支援する会編
四六判並製
三二〇頁
2400円
無用な高原道路計画によって、〝氷河期の生き残り〟ナキウサギの生息地をはじめとした大雪山の生態系・自然環境が破壊されつつある。本書は大雪山の貴重な自然を紹介しつつ、生物多様性の保全と生態系の保護を問い直す。

本州のクマゲラ
藤井忠志著
四六判並製
二〇四頁
1800円
白神山地など東北地方のブナ林に生息する本州産のクマゲラ。この鳥は天然記念物で稀少でもあり、自然の豊かさのシンボルだ。しかし、その生態はほとんど知られていない。本書は豊富なフィールドワークに基づくやさしい解説書。